MINISTÈRE DU COMMERCE, DE L'INDUSTRIE
ET DES COLONIES

EXPOSITION UNIVERSELLE INTERNATIONALE DE 1889
À PARIS

RAPPORTS DU JURY INTERNATIONAL

PUBLIÉS SOUS LA DIRECTION
DE
M. ALFRED PICARD
INSPECTEUR GÉNÉRAL DES PONTS ET CHAUSSÉES, PRÉSIDENT DE SECTION AU CONSEIL D'ÉTAT
RAPPORTEUR GÉNÉRAL

CLASSES 70 ET 71. — **Viande et poissons; légumes et fruits**

RAPPORT DE M. J. POTIN

DE LA MAISON FÉLIX POTIN, FABRICANT DE PRODUITS ALIMENTAIRES

PARIS
IMPRIMERIE NATIONALE

M DCCC XCI

CLASSES 70 ET 71

Viande et poissons; légumes et fruits

RAPPORT DE M. J. POTIN

MINISTÈRE DU COMMERCE, DE L'INDUSTRIE
ET DES COLONIES

EXPOSITION UNIVERSELLE INTERNATIONALE DE 1889
À PARIS

RAPPORTS DU JURY INTERNATIONAL

PUBLIÉS SOUS LA DIRECTION

DE

M. ALFRED PICARD

INSPECTEUR GÉNÉRAL DES PONTS ET CHAUSSÉES, PRÉSIDENT DE SECTION AU CONSEIL D'ÉTAT
RAPPORTEUR GÉNÉRAL

CLASSES 70 ET 71. — **Viande et poissons; légumes et fruits**

RAPPORT DE M. J. POTIN

DE LA MAISON FÉLIX POTIN, FABRICANT DE PRODUITS ALIMENTAIRES

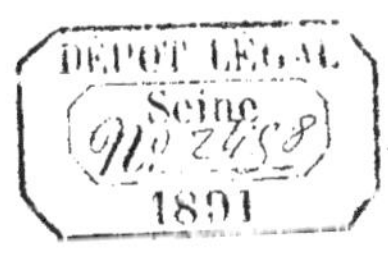

PARIS
IMPRIMERIE NATIONALE

M DCCC XCI

COMPOSITION DU JURY.

MM. Prevet (Charles), *Président*, fabricant de conserves alimentaires, député, médaille d'or à l'Exposition de Paris en 1878 .... France.

Luro (José), *Vice-Président* .... Rép. Argentine.

Potin (Julien), *Rapporteur*, de la maison F. Potin, médaille d'or à l'Exposition de Paris en 1878, fabricant de produits alimentaires .... France.

Rodocanachi (Emmanuel), *Secrétaire* .... Grèce.

Fau, ingénieur civil à Batna, chef de la Société de colonisation de l'Oued-Rhir .... Algérie.

Winckelmans-Delacre .... Belgique.

Friele (E. Henrik Johan), ancien négociant .... Norvège.

Larreta (G. Rodriguez) .... Uruguay.

Ferré (Armand), ingénieur .... Serbie.

Dumagnou, de la maison Caillebotte et Dumagnou, fabricant de conserves alimentaires, médaille d'or à l'Exposition de Paris en 1878 .... France.

Rodel aîné, fabricant de conserves alimentaires, médaille d'or à l'Exposition de Paris en 1878 .... France.

Schweizer, *suppléant* .... États-Unis.

Buch (S. A.), *suppléant*, inspecteur de la section des pêcheries .... Norvège.

Chevallier-Appert, *suppléant*, fabricant de conserves alimentaires, médaille d'or à l'Exposition de Paris en 1878 .... France.

VIANDE ET POISSONS,

LÉGUMES ET FRUITS.

PRÉFACE.

L'industrie des conserves alimentaires est essentiellement française; en effet on retrouve toujours le nom d'un Français attaché à chacun des grands progrès accomplis dans la science ou dans l'industrie et relatifs à la conservation des aliments.

Le plus illustre d'entre eux est une de nos gloires nationales actuelles : Pasteur, dont les travaux admirables dans leur précision scientifique et leur clarté ont pour la première fois donné une notion exacte des phénomènes de fermentation. Les substances animales et végétales qui servent à notre nourriture s'altèrent parce qu'elles subissent une fermentation spéciale ou putréfaction.

Celle-ci est due au développement de microorganismes particuliers dont Pasteur a établi l'existence et l'action. Si on détruit ces microorganismes ou si on entrave leur développement, on empêche la putréfaction de se produire.

C'est là précisément le but de l'industrie des conserves; on voit par là combien peuvent être féconds les enseignements donnés par les études de Pasteur et de ses élèves.

D'une façon générale, il faut pour que la putréfaction se produise que les microorganismes auxquels elle est due soient placés en présence de l'air dans des conditions de température et d'humidité convenables pour leur développement. L'air, l'eau et la chaleur sont donc les trois facteurs de la putréfaction.

Il est par suite facile de se rendre compte de l'efficacité des divers procédés de conservation des aliments.

La *dessiccation* est le moyen le plus anciennement employé; il consiste à priver l'aliment à conserver de la plus grande partie de son eau; les microorganismes ne peuvent se développer.

Par le *refroidissement,* ou mieux par la *congélation,* on ne détruit pas généralement les microorganismes, mais on arrête leur développement tant que dure l'application du froid.

Par l'*application d'une chaleur suffisante* on détruit les microorganismes.

Les substances dites *antiseptiques* tuent les microorganismes ou les engourdissent.

Ce sont les trois systèmes principaux, dessiccation, congélation et application de la chaleur, qui, jusqu'ici, ont donné les résultats les plus parfaits pour la conservation des aliments, et c'est dans la même voie que paraissent s'annoncer les progrès futurs de l'industrie des conserves.

Ce sont des Français qui ont été les promoteurs dans ces trois branches de l'industrie : Masson, en tentant les premiers essais de conservation des légumes potagers par la dessiccation; Nicolas Appert, en imaginant les conserves qui portent son nom et basées sur le principe de la stérilisation par la chaleur; Charles Tellier, en faisant le premier essai industriel de conservation des viandes fraîches par le froid; Giffard, en inventant la machine marine pour la production du froid.

Masson reçut la récompense de sa remarquable invention. Il fut nommé chevalier de la Légion d'honneur, lors de la première Exposition universelle qui eut lieu à Londres, en 1851, et l'Académie des sciences lui décerna le prix Montyon dans sa séance du 22 mars 1852.

C'était un devoir pour nous de rendre hommage ici au second de ces hommes, Nicolas Appert, car c'est à lui que nous sommes redevables d'un des plus grands progrès réalisés jusqu'ici dans l'industrie des conserves. Aussi avons-nous consacré les premières pages de ce rapport à la biographie de Nicolas Appert.

Nous avons dû chercher ensuite à nous rendre compte des progrès qui ont été accomplis depuis 1878. Ceux-ci ont été très remarquables; non pas que de nouveaux procédés de conservation aient été imaginés, mais parce que plusieurs d'entre eux ont reçu une consécration pratique, tandis qu'ils n'étaient, il y a onze ans, qu'à l'état de promesse pour l'avenir.

Les résultats les plus intéressants ont été obtenus dans l'application du froid à la conservation des viandes fraîches et dans le perfectionnement des procédés de conserves en boîtes.

En présence de ces progrès, nous n'avons pas cru devoir borner notre travail de rapporteur du jury à une énumération pure et simple des divers exposants ayant présenté des produits qui avaient pu appeler notre attention.

Nous plaçant à un point de vue plus élevé, nous avons cherché à montrer dans quelle voie s'étaient accomplis les progrès qui ont été réalisés depuis 1878 dans la conservation des aliments, cherchant à nous rendre compte de la cause de ces progrès et de l'avenir réservé aux perfectionnements les plus récents.

A ce point de vue, nous croyons pouvoir rendre quelques services en présentant dans ce travail, que nous avons appuyé sur un grand nombre de documents, l'état actuel des industries des conserves. Tous ces documents, nous les avons accumulés au cours de notre enquête du jury; ils sont donc pris pour ainsi dire sur le vif; c'est à cela qu'ils doivent leur valeur. C'est l'excuse que nous invoquons pour justifier la longueur de notre travail; nous serions heureux et nous nous considérerions comme largement récompensé s'il pouvait rendre quelques services à nos industriels et les aider, dans une mesure si faible qu'elle soit, à conserver l'incontestable supériorité qu'ils ont acquise dans cette industrie.

BIOGRAPHIE DE NICOLAS APPERT.

Parmi les hommes de science dont la mémoire est digne d'être conservée, il en est qui, se bornant aux études théoriques, dégagent les grandes lois de la nature d'une masse de faits jusque-là confusément reliés et compris. Ces lois deviennent alors comme des phares : elles guident dans leurs travaux les nouvelles générations de chercheurs qui peuvent aller sans cesse progressant.

A côté de ces génies de la théorie, travaillent, dans une voie parallèle, d'autres savants qui cherchent à utiliser ces connaissances de la nature, à tirer des recherches spéculatives une source nouvelle de bien-être pour l'humanité.

Quelquefois, le même esprit théorique et pratique se trouve réuni en un homme, mais la plupart du temps, l'un ou l'autre domine et caractérise tel ou tel savant qui ne choisit pas sa voie, mais y est poussé naturellement par son tempérament et son esprit. Ces deux voies ne sont-elles pas d'ailleurs également belles? S'il est merveilleux de débrouiller les lois de la nature et de se laisser aller aux spéculations théoriques, n'est-ce pas aussi un résultat magnifique que de conquérir une nouvelle industrie, et de donner, dans une plus large mesure, satisfaction aux besoins journaliers de l'existence?

Appert a été un de ces génies utilitaires. Guidé par une idée dont on peut, à diverses époques de sa vie, suivre nettement la trace, il a fini par résoudre pratiquement ce problème difficile de la conservation des substances alimentaires, que beaucoup avaient cherché avant lui, dont quelques-uns avaient entrevu la solution et que lui seul a fait passer de l'état de rêve à celui de la réalité.

Il ne peut y avoir aucun doute à ce sujet. Certes d'autres avant lui avaient eu et avaient exprimé cette idée dont la simplicité est remarquable. Cela ne constitue pas une antériorité. La découverte de la conservation est bien due à Appert, puisque c'est lui qui l'a pratiquement réalisée.

Parmi ses prédécesseurs, on cite notamment Boerhaave, Glauber et plus tard Gay-Lussac, qui ont indiqué des moyens de conservation. On a aussi attribué au pasteur livonien Eisen l'invention des conserves; le pasteur Eisen s'est borné à conserver des substances par la dessiccation.

Depuis Appert, l'industrie des conserves est devenue la base d'une grande industrie nationale.

Nicolas Appert est né, en 1750, à Châlons-sur-Marne. Nous ne savons que peu de choses du début de sa vie, sinon que, jusqu'en 1796, il s'occupa du commerce des produits alimentaires. On le retrouve, travaillant dans les caves de la Champagne, dans les brasseries, les offices, les magasins d'épicerie. La confiserie l'occupa plus longuement, et, pendant quinze ans, il fut établi confiseur, rue des Lombards[1].

C'est pendant cette période que son idée dominante germa, prit corps et finit par l'occuper uniquement. Il avait remarqué dans tous ses travaux combien était précieuse l'action du feu sur les substances alimentaires. C'est grâce au feu qu'il pouvait modifier non seulement le goût, mais aussi la nature de ses aliments; il devait arriver à conserver ceux-ci par l'action du feu.

Appert quitta le commerce et vint s'établir à Ivry-sur-Seine, en 1796. Il fut même nommé officier municipal de cette commune le 7 messidor an III et exerça ces fonctions pendant plusieurs années. Son séjour à Ivry fut fécond. C'est là qu'à force de patience, de travail et de science, il obtint la réalisation pratique de son idée.

Le moment était peu favorable pour l'industrie et le commerce. Appert dut avoir recours à des industriels anglais (renseignement recueilli à Massy) pour obtenir quelques fonds, et, en 1804, il quitta Ivry pour venir s'installer à Massy (Seine-et-Oise), où il fonda sa fabrique.

La première application du procédé date donc de 1804, époque à laquelle Appert installa son usine à Massy. Celle-ci occupait une surface de 4 hectares, presque toute consacrée à la culture du pois et du haricot. Le laboratoire se composait de quatre pièces : l'une servant à la préparation des substances à conserver et contenant notamment une marmite de 30 veltes de capacité pour faire le consommé. Une seconde pièce servait à la préparation du lait, de la crème, du petit lait. Dans la troisième, se pratiquaient le bouchage, le ficelage, etc., et enfin dans la quatrième s'effectuait, dans trois grandes chaudières en cuivre, la cuisson des conserves. La vente se faisait à Paris, dans un dépôt situé 8, rue Boucher.

Appert dirigeait les travaux. Les quelques rares personnes qui l'ont connu se rappellent ce petit homme gai, travailleur, toujours prêt à renseigner chacun, aussi bon qu'actif, et qui avait, à Massy, su gagner l'amitié de tout le monde. Il occupait pendant la saison vingt-cinq à trente femmes pour écosser les pois et éplucher les haricots.

(1) Il règne une certaine incertitude sur le lieu de naissance d'Appert. L'acte de décès que nous avons retrouvé à Massy lui assigne bien Châlons-sur-Marne comme lieu de naissance :

«Le premier juin mil huit cent quarante et un est décédé à Massy, canton de Longjumeau (Seine-et-Oise), le sieur Nicolas Appert, né à Châlons (Marne) fils des époux Claude Appert et Marie Huet. Il était veuf d'Élisabeth Benoist. Décédé à l'âge de 91 ans.»

Une autre raison sérieuse confirmerait ce fait, c'est qu'Appert a travaillé pendant sa jeunesse dans les caves de la Champagne. Il le dit lui-même dans ses ouvrages, et cite fréquemment les pratiques employées à Ay, Épernay, etc., pour le bouchage des vins.

D'autre part, des recherches faites à Châlons-sur-Marne feraient croire qu'Appert n'est pas originaire de cette ville. Un assez grand nombre de familles Appert sont champenoises et habitent Châlons et ses environs. Aucun des descendants de ces familles ne se considère comme parent de Nicolas Appert, et, suivant eux, Nicolas Appert serait originaire du Poitou ou de l'Anjou.

Sur le registre de la mairie de Châlons, nous avons relevé les naissances de Pierre Appert (8 novembre 1750) et Nicolas Appert (23 octobre 1752), fils tous deux de Jean Appert et Marie Bonvallet.

Suivant l'*Encyclopédie des gens du monde* (1833), Nicolas Appert aurait eu comme frère le grand philanthrope Appert, né à Paris en 1797. Comme on le voit, ces renseignements concordent peu.

Dès le début, vers 1804, Appert fit constater officiellement par des expériences faites sur plusieurs navires la valeur de ses conserves.

Cependant, tandis qu'Appert continuait à mener à Massy sa petite vie calme et laborieuse, sa découverte faisait grand bruit; les corps savants, les journalistes, le public s'y intéressaient.

Le 15 mars 1809, la Société d'encouragement pour l'industrie nationale entendait un rapport de sa commission sur le procédé. Guyton-Morveau, Parmentier, Bouriat, qui composaient cette commission, avaient examiné des substances conservées depuis plus de huit mois et leurs conclusions étaient des plus favorables à Appert. La presse lui adressait des louanges. «M. Appert, disait le *Courrier de l'Europe* du 10 février 1809, a trouvé l'art de fixer les saisons : chez lui, le printemps, l'été, l'automne vivent en bouteilles, semblables à ces plantes délicates que le jardinier protège sous un dôme de verre contre l'intempérie des saisons.»

Enfin, une commission officielle chargée d'étudier le procédé fut nommée. Elle était composée de Bardel, Gay-Lussac, Scipion-Périer et Molard.

Le bureau consultatif des arts et manufactures accorda à Appert une somme de 12,000 francs à titre d'encouragement. Appert en fut avisé par une lettre de Montalivet, ministre de l'intérieur, en date du 10 janvier 1810. Il s'engageait en échange à faire imprimer à ses frais la description exacte et détaillée de ses procédés.

Son ouvrage «*L'art de conserver pendant plusieurs années toutes les substances animales et végétales*» parut la même année.

Il s'y donnait comme titre «ancien confiseur et distillateur, élève de la bouche de la maison ducale de Christian IV» [1].

Dans cet ouvrage, qui avait pour but la vulgarisation du procédé, et qui devait permettre à chacun de faire lui-même ses conserves, Appert en donnait la description succincte suivante :

Le procédé Appert consiste :

« 1° *A renfermer dans des bouteilles ou bocaux les substances que l'on veut conserver;*

« 2° *A boucher ces différents vases avec la plus grande attention, car c'est principalement de l'opération du bouchage que dépend le succès;*

« 3° *A soumettre ces substances ainsi renfermées à l'action de l'eau bouillante d'un bain-marie, pendant plus ou moins de temps, selon leur nature et de la manière que je l'indiquerai pour chaque espèce de comestibles;*

« 4° *A retirer les bouteilles du bain-marie au temps prescrit.* »

[1] *L'art de conserver pendant plusieurs années toutes les substances animales et végétales.* Ouvrage soumis au bureau consultatif des arts et manufactures, revêtu de son approbation et publié sur l'invitation de S. E. le Ministre de l'intérieur, par M. Appert, propriétaire à Massy (Seine-et-Oise), ancien confiseur et distillateur, élève de la bouche de la maison ducale de Christian IV. «J'ai pensé que votre découverte méritait un témoignage particulier de la bienveillance du Gouvernement.» (*Lettre de S. E. le Ministre de l'intérieur.*) A Paris, chez Patris et Cie, imprimeurs-libraires, rue de la Colombe, n° 4, dans la Cité, et au dépôt des préparations, rue Boucher, n° 8, 1811.

C'est le procédé tel qu'il est encore employé aujourd'hui; deux modifications ont seules été apportées : la substitution de vases de fer-blanc aux vases de verre et le perfectionnement de Fastier consistant à laisser pendant la cuisson une petite ouverture que l'on bouche seulement lorsque l'air s'est dégagé.

Avant Appert, les principaux moyens de conservation employés étaient la dessiccation, l'usage du sel et celui du sucre. Or, par aucun de ces moyens, on ne peut conserver les aliments sous une forme rappelant l'état frais, «*et,* dit Appert, *la dessiccation enlève l'arome des végétaux, les raccornit, change le goût des sucs; le sel porte dans les substances qu'il conserve une âcreté désagréable, il détruit la fibre; le sucre doit être employé en grande quantité et alors il masque ou détruit en grande partie l'odeur agréable.*»

Appert n'affectait pas d'être un homme de science et bien que ses idées sur la conservation aient été justes, il les présentait néanmoins avec modestie, déclarant qu'il laissait aux savants le soin de juger. C'est un rapprochement assez curieux à faire que de comparer sa manière de voir avec celle des savants de son époque.

Dans son ouvrage, Appert donne la théorie suivante :

«*L'action du feu,* dit-il, *détruit, ou au moins neutralise tous les ferments, qui, dans la marche ordinaire de la nature, produisent ces modifications qui, en changeant les parties constituantes des substances animales et végétales, en altèrent les qualités.*»

N'est-ce pas là une explication fort claire qui se rapproche singulièrement des théories actuelles qui prévalent dans la science depuis les beaux travaux de M. Pasteur?

Gay-Lussac, dans un mémoire à l'Institut, du 3 décembre 1810, examinant le procédé Appert, disait :

«*Les substances végétales ou animales, par leur contact avec l'air, acquièrent promptement une disposition à la putréfaction ou à la fermentation; mais, en les exposant à la température de l'eau bouillante, dans des vases bien fermés, l'oxygène absorbé produit une nouvelle combinaison, qui n'est plus propre à exciter la fermentation ou la putréfaction, ou il devient concret par la chaleur de la même manière que l'albumine.*»

Il apparaît de suite que l'explication donnée par Appert est la plus claire, la plus simple et la plus conforme à nos connaissances actuelles.

L'ouvrage d'Appert fut rapidement épuisé; il s'était vulgarisé et se désignait ordinairement sous le titre de *Livre de tous les ménages.* Une seconde édition en fut publiée en 1811 et une troisième en 1813.

Le succès entraîne toujours après lui la critique; aussi, vers la même époque, un antagoniste d'Appert, Cadet-Devaux, publia un ouvrage sur la conserve : *Le ménage ou l'emploi des fruits,* désigné ensuite communément sous le titre de : *Le ménage des fruits.*

Cadet-Devaux cherchait vainement, pour ses contemporains et pour nous, à démontrer que le procédé Appert n'était point applicable à tous les fruits.

Appert, parlant sans amertume du tort moral et matériel que lui faisait son concurrent, se bornait à dire quand on lui parlait du livre de ce dernier :

«... Les acheteurs du *Livre des ménages,* au lieu d'un bon livre, en auront deux...»

Dans la fabrique de Massy, Appert cherchait à perfectionner sans cesse, imaginait de nouvelles formes pour ses vases ou de nouveaux modes de fermeture, s'occupant aussi particulièrement de la conservation du lait.

En 1808 et 1810, il s'occupa plus spécialement du vin et de ses procédés de conservation.

Une étape importante dans la vie d'Appert est le voyage qu'il fit à Londres en 1814. «Lors de mon voyage à Londres en 1814, dit-il dans la quatrième édition de son ouvrage, j'ai vu dans une taverne de la Cité, celle où la Banque donne ses fêtes, un appareil à vapeur fort simple, au moyen duquel on peut faire cuire tous les jours le dîner de cinq à six cents personnes.» L'emploi de la vapeur parut de suite indiqué à Appert pour faire en grand la cuisson des conserves. Le voyage à Londres avait un autre intérêt. Les Anglais s'étaient très vivement intéressés aux recherches d'Appert et un Français, Gérard, avait apporté à Londres les idées et l'ouvrage d'Appert. Une grande société s'était fondée qui, en moins de trois ans, perdit une somme de 100,000 francs en cherchant à rendre pratique la conserve enfermée dans des boîtes de fer-blanc. Une des grandes objections qui avaient été faites à Appert, notamment par la Commission officielle, était en effet la fragilité des vases de verre qu'il employait. La substitution du fer-blanc au verre devint la principale préoccupation d'Appert à sa rentrée en France.

Obligé d'abandonner son établissement de Massy bouleversé en 1814 et 1815 par les alliés qui l'avaient transformé en hôpital, Appert se réfugia à Paris où il installa dans un petit logement, rue Cassette, les quelques appareils qu'il pût emporter. Bien que fort gêné, il continua tant bien que mal à s'y livrer à ses recherches.

Fort heureusement, le Gouvernement lui accorda un local vaste et commode aux Quinze-Vingts et c'est là qu'à la suite de nouvelles recherches et de nouvelles expériences, il put porter plus loin ses perfectionnements.

En 1827, il publia un travail sur la dépuration de la gélatine des os[1] et, en 1831, il publia une quatrième édition très augmentée de son ouvrage. Dans cette quatrième édition, Appert entre dans des développements des plus intéressants sur plusieurs points nouveaux, et en particulier sur la confection et l'emploi des boîtes de fer-blanc et de fer battu. On y trouve aussi des recherches sur la conservation des vins, sur la confection de tablettes de bouillon économique et divers travaux. Citons notamment son travail sur l'extraction de la gélatine des os sans emploi d'acide, l'extraction de l'huile de pied de bœuf et des recherches sur la fonte et la clarification du suif.

Appert ne put jouir, dans les dernières années de sa vie, du fruit de ses labeurs et de sa découverte. Préoccupé par son travail, il ne s'apercevait point qu'il y dépensait toute sa fortune et tous ses gains. En 1816, sa fabrique de Massy, couverte d'hypo-

[1] *Notice sur la dépuration de la gélatine des os et rendue propre à la clarification des vins, eaux-de-vie, liqueurs*, etc. Paris, imprimerie Éverat, 1827, in-12, 48 pages.

thèques, avait été vendue. L'inventeur n'était pas doublé d'un commerçant et il eut à essuyer plusieurs déboires[1].

Il dut se retirer à Massy dans une petite maison dite «maison du Cadran». Là, il continua à travailler, aidé dans une bien faible mesure, par la rente de 1,200 francs que lui servit l'État.

Mais il devenait plus faible, son existence traînait sans qu'il eût la force d'ajouter à sa découverte, sans qu'il eût la joie de se sentir entouré et aimé par les siens. Une vieille servante seule resta auprès de lui. Depuis longtemps il était séparé de sa femme et aucun parent ne vint consoler le vieillard.

C'est dans l'abandon qu'il mourut le 1er juin 1841 et son corps fut placé dans la fosse commune.

Aujourd'hui qu'il ne reste plus rien d'Appert que ses travaux et leurs grands résultats, c'est notre devoir de rendre hommage à sa mémoire.

Déjà notre époque a élevé des monuments et a su rendre justice aux hommes qui par leurs travaux avaient préparé la moisson féconde que nous récoltons aujourd'hui. Appert devait être compris dans cette phalange de génies et sa part n'est pas la moins enviable, puisque c'est à lui que nous devons la réalisation d'un grand progrès dans l'alimentation et la fondation d'une belle industrie nationale.

[1] Nous savons actuellement que les insuccès auxquels Appert dut ces déboires tiennent à ce que la stérilisation qu'on obtient en chauffant les conserves au bain-marie d'eau est insuffisante. Dans ces conditions, la température à laquelle sont portés les produits à conserver ne peut pas dépasser 100 degrés.

Ce fait apparut nettement en 1847, époque où il y eût une véritable crise des matières alimentaires et où l'on eût à lutter contre les maladies des pommes de terre, de la vigne et des vers à soie. En 1847, les fabricants de conserves de Bordeaux, Nantes, Le Mans, eurent de grands succès et une grande partie de leur production s'altéra.

En 1850, un chimiste, Favre, indiqua de stériliser les conserves dans un bain d'eau salée dont la température d'ébullition était supérieure à 100 degrés. Ce fut Chevallier Appert qui, en octobre 1851, eut l'idée d'opérer la stérilisation des conserves à l'autoclave. Il fit breveter le 28 décembre 1852 son bain-marie concentré avec emploi du manomètre qui est actuellement employé pour la fabrication des conserves alimentaires. Grâce à ce perfectionnement, on peut stériliser les conserves à une température supérieure à 100 degrés, qu'on règle facilement; aussi les insuccès ne sont-ils plus à craindre.

CHAPITRE PREMIER.

CONSERVES DE VIANDES.

CONSERVATION DES VIANDES.

Les procédés de conservation des viandes présentent non seulement un grand intérêt au point de vue de la science et de l'industrie, mais ils ont aussi une très grande importance au point de vue social. Il est, en effet, actuellement démontré que la production de viande est insuffisante en France pour subvenir aux besoins d'une population dont l'alimentation tend à devenir de plus en plus nutritive. Aussi, depuis bien des années, tous les efforts ont-ils été faits pour trouver des procédés de conservation de la viande fraîche permettant de transporter celle-ci des pays producteurs dans ceux où la production est insuffisante. Les résultats auxquels on est arrivé sont très remarquables et il s'est produit dans cette industrie des modifications considérables depuis 1878. Le jury a cru devoir étudier tout particulièrement les procédés de conservation des viandes.

Nous avions l'intention d'adopter pour cette étude l'ordre de classification logique par modes de conservation, mais nous avons reconnu à ce classement de grandes difficultés pratiques et nous nous sommes contenté d'exposer l'industrie de la viande successivement dans chaque pays. Néanmoins nous avons mis en relief autant que possible le classement par procédés, ce qui était d'autant plus aisé que chaque pays est caractérisé par l'emploi d'un mode dominant. Ainsi l'application du froid pour le transport de la viande fraîche tient la première place dans l'Amérique du Sud, l'Australie et la Nouvelle-Zélande; la préparation des conserves genre Appert est plus spéciale aux États-Unis, etc.

CONSOMMATION DE LA VIANDE EN FRANCE.

La consommation de la viande a toujours progressé en France. C'est ainsi que suivant M. Calvet, la consommation de la viande fraîche dépecée, non compris les viandes salées et fumées, serait par habitant

1862	26 kilogr.
1882	33
1887	36

Suivant le même auteur, on peut estimer que la moyenne de la consommation française est par habitant et par an :

	Kilogr.	Valeur.
Bœuf	17 90	26f 29
Porc	10 35	12 26
Mouton	3 43	4 86
Total	31 68	43 41

Il est intéressant de comparer ces chiffres qui représentent la consommation réelle de notre pays aux chiffres théoriques ayant servi de base à l'établissement de la ration ou de comparer, en d'autres termes ce qu'on consomme avec ce qu'on devrait consommer.

D'après les travaux de Liebig, Dumas et Boussingault la ration journalière nécessaire à l'homme adulte est de :

Pain	750 gr.
Viande	500
Légumes	250

Voici quelles sont les rations militaires adoptées dans les principaux pays :

Viande.

France (la ration peut être remplacée par 240 grammes de lard salé ou fumé ou 200 grammes de viande de conserve)		300 gr.
Angleterre		340
Colonies anglaises		455
Allemagne	ration ordinaire	150
	aux manœuvres	250
	en campagne	375

La ration hospitalière est en France de : 120 à 140 grammes de viande cuite.

On peut dire en résumé que la ration de viande qui a été reconnue la plus favorable pour développer et entretenir les forces de l'homme est d'environ 333 grammes de viande par jour ou, en chiffres ronds, 120 kilogrammes de viande par an.

Si on prend cette quantité comme base pour la nourriture des hommes adultes et moitié de cette ration seulement pour les femmes, les vieillards et les enfants, on arrivera à un total de 2,760 millions de kilogrammes de viande par an au lieu de 1 milliard, soit près de trois fois plus que la consommation actuelle.

ACCROISSEMENT CONTINU DE LA CONSOMMATION.

D'ailleurs il y a tous les ans accroissement continu de la consommation de la viande en France. En quarante-deux ans, celle-ci a presque doublé, et cela par une progression régulière.

En effet, suivant M. Calvet :

En 1840, les animaux abattus, y compris les porcs, ont produit 682 millions de kilogrammes de viande.

En 1862, ils en ont produit 972 millions de kilogrammes et en 1882, 1,240 millions de kilogrammes. Pour 1887, l'auteur n'a pas pu trouver d'indication officielle rigoureuse; mais en prenant pour base le taux de l'accroissement annuel de 1840 à 1882, soit 2 p. 100, le chiffre de 1,240 millions de kilogrammes en 1882, doit être porté à 1,364 millions pour 1887, soit une augmentation de 10 p. 100 sur 1882.

Il faut ajouter à ces chiffres l'importation de viande fraîche dépecée, soit en 1882, 11,500,000 kilogrammes; ces viandes s'importent principalement de Vienne et de Berlin en wagons-glacières. Le total de l'importation pour 1882 étant de 83,430,000 kilogrammes, on obtient la répartition suivante :

Viande	indigène	1,160,000,000 de kilogr. soit	92 p. 100
	étrangère	89,430,000	8 p. 100

INSUFFISANCE DE LA PRODUCTION INDIGÈNE.

Nos agriculteurs peuvent-ils suffire à ces demandes sans cesse croissantes et pourrait-on, par exemple, arriver à doubler notre production actuelle de bétail?

Tous les travaux faits à ce sujet et les documents officiels[1] d'après l'enquête décennale de 1882, montrent que, la production étant depuis longtemps insuffisante, depuis longtemps aussi on importe des viandes fraîches.

Voici quelques chiffres pour ces importations :

1860 (Enquête de 1882)	403,000 kilogr,
1869	2,000,000

De 1870 à 1874 ce chiffre baisse un peu, puis il remonte rapidement et atteint en 1879, 5 millions de kilogrammes, et, en 1885, 7,500,000 kilogrammes; à ces chiffres il faudrait encore ajouter :

Viande salée et fumée, 4,500,000 kilogrammes; viande d'animaux importés vivants, 80 millions de kilogrammes.

Comme le fait d'ailleurs très justement remarquer M. Calvet, une des meilleures preuves que la France ne produit pas assez pour sa consommation, c'est l'emploi progressif de la viande de cheval comme appoint.

A Paris, les boucheries hippophagiques débitaient :

En 1874 (chevaux)			4,682
1885			11,720
1886	chevaux	13,377	13,708
	ânes	304	
	mulets	27	

(1) *La France économique*, par M. A. de Foville (1887). — *Rapport de la commission des douanes* (1887).

Soit, à raison de 250 kilogrammes par tête, 3,500,000 kilogrammes de viande en 1886. A cette quantité qui provient des abattoirs de Paris, et en particulier de celui de Villejuif, il convient d'ajouter la viande de cheval provenant des communes suburbaines, ce qui fait en tout environ 4,500,000 kilogrammes de viande.

Or, en 1886, on a consommé à Paris 180,658,399 kilogrammes de viande; le cheval rentre donc pour un quarantième dans cette consommation : ce n'est pas là une quantité négligeable.

En 1888, on comptait 64 boucheries hippophagiques à Paris, et, l'importance du débit de la viande de cheval était justifiée par son prix, qui est environ moitié moindre que celui de la viande de bœuf. Cette viande ne paye aucun droit d'octroi, et, en raison de son bon marché, elle est surtout consommée par la classe pauvre des arrondissements excentriques, plus fortement atteints par la crise industrielle. (Rapport sur la consommation de Paris en 1886.)

Cette situation n'est d'ailleurs pas spéciale à la France, on la trouve aussi grave au moins en Angleterre. La consommation de la viande en Angleterre est plus importante que celle de notre pays, et elle importe aussi plus de viandes étrangères que nous :

Voici ces chiffres comparatifs pour 1883.

NOMS DES PAYS.	POPULATION.	CONSOMMATION TOTALE.	VIANDES INDIGÈNE.	VIANDES IMPORTÉE.	CONSOMMATION MOYENNE par tête.
		tonnes.	tonnes.	tonnes.	kilogr.
France	37,700,000	1,251,000	1,162,000	89,000	33.0
Angleterre	35,000,000	1,643,000	1,195,000	447,000	47.5

Le déficit de la production française est d'environ 150,000 tonnes de viande et le déficit annuel de l'Angleterre est de 500,000 tonnes environ.

D'ailleurs en Europe, tous les pays, sauf la Hongrie et la Russie, ont un déficit de viande de boucherie. La Hongrie avait autrefois une exportation importante de viande, mais aujourd'hui cette exportation a beaucoup diminué.

On compte, en effet, en Hongrie environ 5 millions de bêtes à corne et 14 millions de moutons qui ne font que suffire à la consommation autrichienne, laquelle est d'environ 1 million de tonnes de viande.

En Russie, le pays d'élevage par excellence est, en raison même de son climat, la Tauride. C'est elle qui importe chez nous le plus de bétail; elle envoie chaque année environ un million et demi de moutons en France. Ces moutons dont le prix sur place est d'environ 6 francs, ne s'exportent pas directement, ils passent par la Hongrie et sont vendus au marché de la Villette comme moutons hongrois.

PAYS PRODUCTEURS DE VIANDE.

Si la France, de même que la plupart des pays de l'Europe, ne produit pas assez de viande pour sa propre consommation, il existe d'autre part des régions immenses où cette production est pour ainsi dire illimitée.

Les grands pays pastoraux sont l'Amérique du Sud, où l'on compte environ 4 millions de kilomètres carrés de plaines d'élevage, dont les trois quarts appartiennent à la République Argentine et le reste à l'Uruguay et au Brésil (Rio Grande).

L'Australie et la Nouvelle-Zélande sont aussi d'immenses greniers d'approvisionnement dans lesquels l'Angleterre puise une quantité considérable de viande.

Dans ces pays de grande production de bétail, on n'en utilise qu'une faible partie pour l'alimentation, et souvent même on en consomme relativement très peu. Au Texas, on n'utilise que la peau.

La valeur des moutons de la République Argentine est dans la laine, celle des bœufs dans la peau et la graisse.

On pourra se faire une idée de l'importance relative de la production du bétail dans les principaux pays pastoraux en comparant les statistiques suivantes. Nous donnons en premier lieu la statistique française, puis les statistiques relatives à l'Australie et à la Nouvelle-Zélande, à la République Argentine, à l'Uruguay et aux États-Unis.

France. — Animaux de ferme existant en France au 31 décembre 1886 :

Chevaux				2,938,489
Mulets				242,763
Ânes				382,110
Taureaux			333,834	13,275,021
Bœufs	de travail		1,387,062	
	à l'engrais		514,259	
Vaches			6,319,771	
Bouvillons			881,949	
Génisses			1,531,176	
Veaux	6 mois à 1 an	1,228,333	2,306,970	
	au-dessous de 6 mois	1,078,639		
Moutons				22,688,230
Porcs				5,774,924
Chèvres				1,420,112

Australie. — En Australie, le squatter ou éleveur doit en grande partie sa fortune au mouton. Le mérinos domine, parce qu'il résiste bien aux changements brusques des saisons. Le mérinos ordinaire coûte de 8 à 10 shellings par tête, quelquefois de 16 shellings à 1 livre sterling. Un mouton donne en moyenne 5 livres de laine (1,87 la livre à Londres).

Voici une statistique des moutons existant en 1878 en Australie et Nouvelle-Zélande (F. Journet, *L'Australie*, 1885) :

Nouvelle-Galles du Sud	23,967,053
Victoria	9,379,276
Australie méridionale	6,377,812
Queensland	5,564,465
Australie occidentale	869,325
Tasmanie	1,838,831
Nouvelle-Zélande	13,069,338
TOTAL	61,066,100

Dans un autre recensement, nous trouvons les chiffres suivants, relatifs au nombre de moutons existant :

Queensland	29,000,000
Nouvelle-Zélande	12,000,000

Voici les nombres donnés pour les bœufs :

Nouvelle-Galles	3,500,000
South-Australia	300,000
West-Australia	600,000
Queensland	2,000,000
Tasmanie	130,000
Nouvelle-Zélande	700,000
TOTAL	7,230,000

Suivant un autre recensement de 1878, il existait en Australie, pour une population de 2 millions d'habitants :

Bœufs et vaches	6,900,000
Moutons	64,000,000

Ces diverses statistiques concordent d'une façon suffisante et montrent la richesse de la production australienne.

La Plata. — Les pays de La Plata ont une surface de prairies de 400 millions d'hectares ainsi répartis :

République Argentine	300,000,000
Uruguay et Paraguay	100,000,000

Voici, d'après les statistiques des gouvernements provinciaux et des sociétés d'agriculture, le nombre et la répartition des bestiaux :

PROVINCES.	HABITANTS.	BOEUFS PAR MILLIERS.	MOUTONS PAR MILLIERS.
Buenos-Ayres.. { Ville.................... 410 / Province................ 800 }	1,210	6,000	65,000
Santa-Fé..................................	350	1,300	5,500
Entre-Rios................................	300	3,000	4,700
Corrientes................................	290	2,900	1,200
Cordoba...................................	380	1,300	1,400
Santiago-del-Estero.......................	100	1,000	500
Tucuman...................................	210	300	150
Salta.....................................	200	400	450
Jujuy.....................................	90	100	30
Catamarca.................................	150	150	80
La Rioja..................................	100	150	30
San Juan..................................	125	100	90
Mendoza...................................	160	150	120
San Luis..................................	100	150	250
Patagonie / Terre-de-Feu / Pampa / Chaco / Missions	170	1,000	500
TOTAUX....................	3,915	18,000	80,000

Ces chiffres ne sont qu'approximatifs et il y a lieu de croire qu'ils sont plutôt exagérés.

Si l'on admet l'équivalence alimentaire de 10 moutons pour 1 bœuf, on voit que la province de Buenos-Ayres possède à peu près autant de bêtes bovines que de bêtes ovines.

Dans la province de Santa-Fé, il y a moitié moins de ces dernières, et, d'une façon générale, c'est partout le bœuf qui domine. Il ne faut cependant pas perdre de vue que le mouton progresse sans cesse.

Dans la *Statistique du commerce et de la navigation de la République Argentine pour l'année 1886*, nous trouvons aussi des renseignements qui présentent une grande garantie et qui confirment sensiblement les chiffres précédents de 18 millions de bœufs et de 80 millions de moutons.

En 1886, on a exporté 2,500,000 cuirs bruts secs ou salés; à ce nombre il faut ajouter environ 500,000 cuirs employés dans le pays ou perdus. C'est donc un total de 3 millions de bœufs abattus, soit dans les *saladeros* pour la confection du *tasajo* et des conserves, soit dans les *mataderos* et au *campo* pour la consommation. Or, suivant M. Calvet, l'exploitation annuelle d'un troupeau de bêtes bovines atteignant 20 à 25 p. 100 du contingent total, on voit que le nombre de bœufs oscillerait entre 16 et 20 millions.

Pour les moutons, en 1886 l'exportation a été :

Laines	132,000,000 kilogr.
Peaux	35,000,000

De plus, en 1886, une épidémie a sévi sur la race ovine, qui a fait périr un grand nombre d'animaux; on peut estimer à près de 15 millions le nombre de moutons abattus ou morts.

Le poids moyen d'une toison étant de 1 kilogr. 750 et le poids moyen d'une peau (avec toison) étant de 2 à 3 kilogrammes, on voit que les chiffres de 80 millions de moutons existant et de 15 millions de moutons tués ou morts annuellement sont à peu près exacts.

L'exportation des viandes d'Amérique répond non seulement à un besoin pour l'Europe, qui en manque, mais aussi à un besoin pour le nouveau monde, qui voit sans cesse sa production croître et qui voit baisser au contraire les anciens modes locaux d'utilisation.

Pour le bœuf, c'est l'industrie des *saladeros* avec la production du *tasajo* qui périclite.

Dans la République Argentine, l'élevage du mouton est surtout fait dans le but d'en exploiter la laine. On consomme à peine un tiers de la viande (soit 5 millions de kilogrammes); le reste est perdu.

Cette situation anormale est due en grande partie à la ruine des *graserias* ou fabriques de suif, qui employaient, il y a quelques années, plusieurs millions de moutons.

Le suif animal a été déprécié de moitié par l'importation des huiles minérales et végétales employées de plus en plus à l'éclairage, par le développement du gaz de houille et celui de l'éclairage électrique.

La principale production de l'Uruguay est l'élevage du bétail. Les chiffres suivants permettront de l'apprécier :

		Bœufs et vaches.
Nombre de têtes existant en	1852	1,800,000
	1862	3,632,000
	1886	6,254,491

CONSOMMATION DE VIANDE À MONTEVIDEO.

ANNÉES.	BÊTES À CORNES.	BÊTES À LAINE.	TOTAL.
1874	15,918,875	1,373,721	17,292,596
1887	18,027,814	1,272,314	19,300,128

ABATAGE DES SALADEROS.

ANNÉES.	URUGUAY.	RÉPUBLIQUE ARGENTINE.
	têtes.	têtes.
1876	625,457	551,443
1877	527,600	662,500
1878	677,026	572,500
1879	556,500	539,000
1880	665,500	491,500
1881	576,170	399,000
1882	738,500	434,500
1883	704,400	365,100
1884	853,600	316,800
1885	647,029	610,700
1886	751,067	480,900
1887	799,554	327,208
1888	773,449	467,450

Pour rendre plus sensible la comparaison de ces productions totales des deux grands pays producteurs, nous la présentons graphiquement :

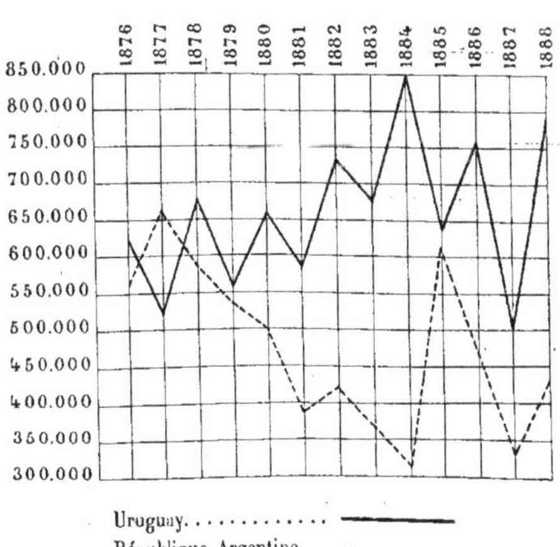

TROUPEAUX DE L'URUGUAY.

Le siège de neuf ans que subit Montevideo, et qui prit fin en 1852, réduisit à peu de chose les troupeaux que comptait auparavant ce pays.

DÉSIGNATION.	1852.	1860.	1886.
Bœufs et vaches	1,888,622	3,632,003	6,254,491
Chevaux	1,127,069	518,208	442,525
Anes et mulets	19,490	8,301	7,032
Brebis	796,289	1,989,929	17,245,977
Porcs	25,300	5,881	11,833
Chèvres	1,406	5,437	5,405
TOTAUX	3,858,176	6,159,909	23,967,263

Il en résulte donc une augmentation de :

En 1860 sur 1852, 2,301,733 têtes, soit 59.65 p. 100;

En 1886 sur 1852, 20,109,087 têtes, soit 521.20 p. 100.

Dans les tableaux ci-dessus ne figurent que les animaux soumis à la contribution directe.

Les habitants de la campagne qui ne possèdent que quelques animaux sont exempts de cette contribution.

En évaluant le nombre de ces animaux, on arrive à la richesse approximative suivante, pour l'Uruguay :

DÉSIGNATION.	NOMBRE DE TÊTES.	VALEUR DE L'UNITÉ.	SOMMES TOTALES.
		livres sterling.	livres sterling.
Bétail à cornes de tout âge	7,658,400	6 00	45,950,400
Bœufs de travail et vaches laitières	681,200	12 00	8,174,400
Chevaux	590,000	6 00	3,540,000
Anes et mulets	10,500	12 00	126,000
Brebis et agneaux	22,989,600	0 80	18,391,680
Chèvres	23,700	1 00	23,700
Porcs	22,500	6 00	135,000
TOTAL	31,975,900		
Valeur totale en livres sterling			76,341,180
Valeur totale en francs			406,070,100

États-Unis. — Voici les nombres relevés dans la *Statistique de l'agriculture dans les États-Unis*, d'après M. S. R. Dodge :

ANNÉES.	BESTIAUX.	MOUTONS.	PORCS.
1850	17,778,907	21,723,220	30,354,213
1860	25,625,019	22,471,275	33,512,867
1870	23,820,608	28,477,951	25,134,569
1880	35,920,511	35,192,074	47,681,700
1889	50,331,042	42,599,079	50,301,592

Les trois quarts au moins des moutons sont des mérinos ou de leurs métis, produisant une épaisse et lourde toison. La laine métisse est plus longue, et on la travaille au peigne dans les fabriques à l'aide d'un outillage spécial.

COMMENT REMÉDIER À L'INSUFFISANCE DE PRODUCTION.

Il ne semble guère possible de demander à l'élevage français de combler notre déficit en viande. Aussi l'importation des viandes est-elle appelée pour de longues années, sinon pour toujours, à être une des ressources de notre alimentation. La viande fraîche entre en France, soit sous forme de bétail vivant, soit à l'état mort. Nous dirons seulement quelques mots sur l'importation des animaux vivants.

Voici les documents fournis par l'enquête décennale de 1882 et donnant la provenance des animaux importés sur pied en France en 1888.

NOMS DES PAYS.	BOEUFS.	VACHES.	VEAUX.	MOUTONS.
Italie	51,503	10,320	20,094	210,079
Belgique	3,144	20,062	24,298	"
Allemagne	978	4,452	3,382	683,759
Suisse	"	5,526	6,458	"
Autriche	"	"	"	594,343
Pays divers	"	"	"	181,072
TOTAUX	55,625	40,360	54,232	1,669,253
Algérie	18,703	"	"	486,235
TOTAUX GÉNÉRAUX	74,328	40,360	54,232	2,155,488

C'est comme on le voit, l'importation des moutons qui est de beaucoup la plus importante.

Si la production indigène est suffisante pour le bœuf et le veau et permet à nos cultivateurs d'alimenter le marché de Paris, il n'en est pas de même du mouton, *dont la plus grande partie est de provenance étrangère.*

Le nombre de moutons étrangers importés vivants est depuis longtemps très important ainsi qu'on peut s'en rendre compte par l'inspection du tableau suivant :

NOMBRE DE MOUTONS VIVANTS VENDUS AU MARCHÉ DE LA VILLETTE.

ANNÉES.	FRANCE.	ALGÉRIE.	ÉTRANGER.	TOTAUX.
1883	848,992	34,341	1,193,199	2,035,535
1884	858,739	36,222	1,058,853	1,953,914
1885	855,232	93,667	1,030,637	1,977,536
1886	1,086,320	69,364	887,787	2,043,471
1887	1,278,062	56,397	671,524	2,005,983
1888	1,104,127	123,141	605,917	1,833,185
1889 (11 premiers mois)	1,088,890	189,869	229,321	1,508,089
TOTAUX	7,120,371	602,101	5,637,238	13,359,713

De 1883 à 1885, le nombre des moutons vivants étrangers vendus au marché de la Villette a été plus grand que le nombre de moutons français. Depuis cette époque, ce nombre a rapidement décru, et, en 1889, il a été vendu près de cinq fois plus de moutons français que de moutons étrangers. Cela tient à ce que depuis 1885, le droit d'entrée des moutons vivants a été porté à 5 francs par tête de bétail. A la simple inspection de ces chiffres, on serait en droit de croire que nos cultivateurs ont fait aux moutons étrangers une concurrence victorieuse. Mais, remarquons que depuis 1886, le nombre de moutons français vivants, vendus au marché de la Villette n'a sensiblement pas varié et que d'un autre côté, le nombre des animaux morts importés a augmenté dans une proportion considérable. En somme, il nous arrive toujours autant, sinon plus, de moutons étrangers, mais ceux-ci nous arrivent morts, au lieu de nous parvenir vivants.

Quant à l'importation du bétail vivant provenant des grandes régions pastorales, telles que la Plata, on peut dire que, sauf quelques exceptions, les essais tentés dans cette voie n'ont pas réussi. La traversée de Buenos Ayres en France est de 20 à 25 jours pour les paquebots et de 25 à 30 jours pour les cargo-boats et les animaux ne supportent pas aisément ce long trajet.

Un steamer de la Compagnie italienne *la Véloce* a abaissé la durée de ce trajet à 15 jours. Cette compagnie fait construire dans les chantiers d'Armstrong, près de Naples, 8 grands paquebots qui auront une vitesse de 16 à 18 nœuds à l'heure.

Il est possible que dans ces conditions, l'importation du bétail vivant puisse être tentée avec plus de succès.

M. Lamas, commissaire général de l'immigration en Europe avait obtenu de la Compagnie transatlantique *les Chargeurs réunis* un grand rabais pour le transport du bétail vivant de la Plata au Havre. Ce prix a été abaissé de 180 francs à 130 francs par tête de bétail. Le vapeur *Entre Rios* a amené en Europe 46 bœufs. La traversée a été de 33 jours; le navire a eu à essuyer deux fortes tempêtes et il a cependant débarqué 45 bœufs vivants au Havre et 44 à Paris.

Le 10 juin 1889, la Compagnie des chargeurs réunis a amené 50 bœufs.

M. Rocques cite également (*La viande à Paris*) un envoi fait au commencement de 1890 de 200 bœufs vivants provenant de Baltimore.

Ces bœufs étaient très beaux et ne paraissaient nullement avoir souffert du voyage; ils ont fait prime sur le marché.

Parmi les envois qui ont été faits de la Plata, nous pourrions notamment en citer un qui comprenait une quarantaine de bœufs. Ceux-ci étaient arrivés en bon état; ils avaient perdu 5 p. 100 de leur poids et cette perte portait principalement sur la graisse du rognon.

Le problème du transport des bœufs vivants de la Plata ne paraît cependant pas encore résolu au point de vue économique.

L'importation des viandes abattues est une des ressources de notre alimentation, ainsi que le montrent les chiffres suivants :

IMPORTATION DES VIANDES ABATTUES EN FRANCE.

PROVENANCE.	1887.	1888.	1889.
	kilogr.	kilogr.	kilogr.
Belgique	5,311,938	3,685,202	2,713,750
Allemagne	2,296,993	3,084,514	8,026,349
Suisse	1,248,014	1,133,144	1,516,001
République Argentine	567,334	753,227	747,650
Autres pays	1,858,839	2,558,377	4,652,969
TOTAUX	11,583,118	11,214,464	17,659,719

Ces viandes, lorsqu'elles proviennent des pays européens qui nous avoisinent, sont transportées dans des wagons rafraîchis en été avec de la glace.

Quant aux envois de la République Argentine, ils nécessitent une étude toute spéciale. Nous nous trouvons là, en effet, en présence d'un procédé d'application industrielle récente : la conservation des viandes fraîches par la congélation. Cette industrie n'a pu encore acquérir dans notre pays la place qu'elle est très probablement appelée à y occuper dans l'avenir. Mais, en Angleterre, c'est déjà une industrie prospère, comme les chiffres que nous citerons plus loin, le prouvent.

Aussi avons-nous cru devoir consacrer à l'étude de la conservation des viandes par le froid, un chapitre spécial. Ce chapitre donnera une idée d'une partie intéressante et nouvelle de l'industrie de la viande dans l'Amérique du Sud et dans l'Australie.

I

CONSERVATION DES VIANDES PAR LE FROID.

Le premier essai de transport de viandes fraîches conservées par le froid fut fait par des Français.

En 1876, un navire spécialement affrété à cet usage *le Frigorifique,* transporta des moutons de provenance américaine. Cette viande arriva en France, en parfait état de conservation et fut consommée.

La tentative faite par *le Frigorifique* n'échoua que pour des raisons financières. Croyant rendre l'action du froid plus complète et plus efficace, on avait imaginé de suspendre isolément chaque carcasse de bétail dans les chambres frigorifiques, de manière que l'air froid pût circuler facilement. Le transport devenait ainsi plus coûteux, mais ce ne fut là qu'une cause secondaire de l'élévation du prix de revient des marchandises transportées.

Ce qui ruina l'entreprise, ce fut la somme énorme qu'on engloutit en frais généraux en raison du très long temps qu'il fallut pour charger le navire et le décharger ensuite au fur et à mesure des ventes qui pouvaient être faites. *Le Frigorifique* fut vendu à l'enchère. Un essai fait peu de temps après par des Canadiens montra qu'il n'était pas indispensable que les bêtes fussent suspendues, isolées les unes des autres.

Des carcasses de moutons furent entassées dans la cale d'un navire et refroidies par des blocs de glace. Cet essai donna de bons résultats.

En 1878, un industriel de Marseille, Julien Carré, fréta un navire *Le Paraguay* qui fut installé avec des appareils et des chambres frigorifiques pour transporter des viandes de bœuf et de mouton provenant du Paraguay et de la Plata. Dans cette installation, on ne se contentait pas d'une température de 0 à + 1° ou + 2° produite par de la glace, la congélation était pratiquée de suite après l'abatage du bétail. En effet, suivant l'armateur, si la viande est saisie par la congélation avant que la rigidité cadavérique ait disparu, la chair musculaire n'est pas, au dégel, réfractaire à la cuisson, sans goût et facilement altérable, comme l'est d'ordinaire la viande qu'on a congelée après la disparition complète de la rigidité cadavérique.

Le Paraguay arriva au Havre au mois de juin 1878 avec un chargement de viande fraîche de 15,000 moutons. On en vendit pendant cinq ou six semaines à raison de 50 moutons par semaine, au prix de 1 fr. 50 le kilogramme.

Parmi les autres essais qui furent faits dans cette voie, nous citerons le transport fait par le navire le *Dunedin* qui rapporta 175 tonnes de mouton gelé provenant de la Nouvelle-Zélande. Il mit à la voile, le 15 février 1882, à Port Chalmers et arriva à Londres 98 jours après. La viande qui avait été maintenue à une température moyenne de — 10° arriva en excellent état.

En 1886, la machine à froid fut appliquée dans des essais faits à Campana, sur la rive droite du Parana et donna de bons résultats.

En 1883, on a construit en Australie des hangars refroidis destinés à contenir des carcasses de bétail congelées. En 1885, on a construit des hangars analogues à la Plata.

Toute entreprise de transport de viandes fraîches conservées par la congélation doit nécessairement avoir de semblables magasins au départ et à l'arrivée, afin de permettre les chargements et déchargements rapides des navires.

Un magasin à congélation pouvant contenir 15,000 carcasses de moutons, revient à 10,000 francs.

A l'abattoir de Hambourg, fonctionnent des appareils réfrigérateurs qui permettent d'emmagasiner les viandes. En 1882, MM. Salomon et Saint-Clair Stevenson ont proposé d'en établir d'analogues aux Halles de Paris; il devait y en avoir deux, l'un pour la viande, l'autre pour les légumes. Cette idée ne fut pas mise à exécution et cependant elle eut rendu de grands services, puisque en 1880 par exemple, 465,659 kilogrammes de viande de boucherie reconnue insalubre ont été saisis et détruits.

Les premières machines qui permirent le refroidissement et furent employées dans les essais du *Frigorifique* et du *Paraguay* furent des machines basées sur l'emploi du chlorure de méthyle et de l'ammoniaque.

Ces machines avaient de grands inconvénients pour les transports maritimes; elles exigeaient des tuyauteries considérables et offraient ainsi des inconvénients graves en cas de rupture des tuyaux.

La véritable machine marine fut inventée par Giffard et basée sur la compression de l'air et le refroidissement causé par sa détente.

Parmi les entreprises relatives au transport des viandes gelées et qui figuraient à l'Exposition, nous citerons les installations frigorifiques très remarquables de MM. G. Sansinena et Cie placées dans le palais de la République Argentine.

Le perfectionnement le plus important, apporté par la Compagnie Sansinena, à la conservation de la viande par le froid est relatif à la décongélation.

On sait aujourd'hui que les viandes, soumises à une congélation méthodique, non seulement se conservent indéfiniment, mais encore ne perdent pendant la congélation ni leur saveur, ni leurs qualités nutritives. Mais ces viandes présentent au point de vue de la conservation un grave défaut : c'est leur aspect. Le derme prend, en effet, après la congélation, un ton noirâtre, peu agréable à l'œil. En France, où l'on pare soigneusement les viandes de boucherie et où l'on attache une grande importance à leur aspect, ce défaut superficiel a toujours beaucoup nui à la vente des viandes importées. Il n'en est pas de même en Angleterre où le boucher s'inquiète peu de présenter ses marchandises sous un aspect appétissant et où l'on s'est rapidement accoutumé à l'aspect des viandes conservées par le froid.

C'est donc surtout pour répondre aux exigences de la boucherie française, que M. Sansinena, Français, d'origine basque, chercha le moyen de conserver à la viande après dégel, son aspect primitif. Il suffit d'examiner les deux moutons décongelés exposés dans la vitrine de leur exposition pour se convaincre qu'ils sont arrivés dans ce sens, à un bon résultat.

L'établissement dit *La Négra* fondé à Barracas par MM. S. G. Sansinena et Cie, pour la conservation des viandes par le froid, occupe à deux kilomètres de Buenos Ayres, sur les bords du Riachuelo, une superficie de plus de six hectares.

Cet établissement comprend de vastes bâtiments affectés aux abattoirs, à des échaudoirs, à une fonderie de suif, à une fabrique d'oléo-margarine, à des magasins pour les peaux et les laines, et enfin à des chambres de congélation pouvant contenir un stock de plus de 60,000 moutons congelés. Les animaux amenés par petites journées des centres d'élevages sont parqués dans de vastes herbages aux portes de Buenos Ayres, où ils attendent le moment de l'abatage. A leur entrée aux abattoirs, ils sont soumis à un premier examen vétérinaire municipal, puis ils sont immédiatement abattus, saignés et passent aux chambres froides où ils subissent une congélation méthodique. L'abatage pour l'exportation est de 1,200 moutons à 1,500 moutons par jour et 700 moutons à 800 moutons pour la consommation locale. Des travaux importants sont en cours d'exécution pour porter à 2,000 et 2,500 moutons l'abatage destiné à l'exportation.

L'air froid devant servir à la congélation est produit par 5 grandes machines J.-E. Hall, fournissant chacune à l'heure 70,000 pieds cubes anglais d'air sec et froid (1,982 mètres cubes).

Les machines Hall sont basées sur le principe du refroidissement par la détente de l'air comme les machines Giffard, et ne sont d'ailleurs qu'une copie de ces dernières.

L'installation qui fonctionne sur une petite échelle à l'Exposition donne une idée exacte de l'organisation nécessitée par une grande installation.

La chambre frigorifique est divisée en deux chambres séparées par un couloir central. L'air froid arrive à la partie inférieure d'une de ces chambres et la maintient à une température très basse (— 13° quand nous l'avons visitée); le couloir (— 10°), et l'autre chambre (— 7°), sont à une température moins basse.

Dans la machine de Hall, qui sert à la production du froid, on comprime l'air à 4 ou 5 atmosphères, puis on le refroidit en lui faisant traverser un faisceau de tubes de faible diamètre plongés dans l'eau froide. L'air comprimé et froid est rapidement distendu et sa température s'abaisse considérablement. C'est cet air qui est envoyé dans les chambres de congélation. A sa sortie de la machine dans la chambre de détente, il marque de — 45° à — 60°.

La viande abattue et saignée est portée dans la chambre la moins froide et en un ou deux jours elle est bien refroidie; peu à peu, elle perd son odeur et devient dure. On la suspend alors dans la chambre la plus froide où elle se congèle complètement. La viande congelée a un très bel aspect : elle est plus claire que la viande fraîche, elle est très dure. Quand on a obtenu une congélation qu'on juge suffisante, on met chaque mouton dans un grossier fourreau de toile, appelé *chemise*[1].

2 vapeurs, munis chacun d'une petite machine Hall n° 5 (donnant 7,000 pieds cubes ou 198 mètres cubes d'air froid à l'heure), amènent les animaux congelés de l'usine aux steamers qui font le service de l'Europe.

9 steamers avec chambres froides font le transport des viandes en Angleterre, et y alimentent 80 boucheries.

Ce sont les *Chargeurs réunis* qui font le service pour la France. Deux de ces navires y étaient primitivement affectés. Un troisième y a été ajouté.

2 navires des *Chargeurs réunis* font par an 6 chargements de 10,000 moutons, soit 60,000 moutons, ou 1,200,000 kilogrammes de viande.

Ce n'est pas encore suffisant.

En arrivant en Europe, les viandes congelées passent directement des chambres froides des navires dans celles des dépôts frigorifiques. A ce moment, elles subissent un autre examen vétérinaire, qui, joint à celui pratiqué au moment de l'abatage, donne toute sécurité à la consommation.

En Angleterre, ces dépôts sont situés à Liverpool, où l'établissement peut recevoir 30,000 moutons, et à Londres, où il peut en recevoir 35,000,

En France, le dépôt du Havre est aménagé pour 25,000 moutons, celui de Dunkerque pour 5,000, et celui de Paris pour 1,000. Un autre dépôt en voie de construction (et terminé actuellement) à Pantin est disposé pour recevoir 15,000 moutons. En 1888, les envois de la maison de Buenos-Ayres ont dépassé 360,000 moutons.

Les viandes, sont au fur et à mesure des besoins de la consommation, extraites des magasins et décongelées. C'est, comme nous l'avons dit, l'opération la plus délicate. Elle se pratique suivant les procédés imaginés par M. G. Sansinena et MM. Watson et Lafabrègue, et consiste à exposer les viandes dans des chambres aérées par des courants d'air rapides.

La décongélation obtenue ainsi est prompte; elle nécessite de douze à quinze heures en été, et de vingt-quatre à trente-cinq heures en hiver.

Le capital social engagé dans l'entreprise Sansinena est de 8 millions de francs. Le prix de vente de la viande en France est de 1 fr, 20 le kilogramme (pour l'animal), se répartissant ainsi :

[1] La valeur de ces chemises est d'environ 0 fr. 15. Les moutons qui en sont revêtus sont empilés dans une chambre de congélation, de manière qu'ils tiennent le moins de place possible.

Transport par mer	0f 25
Droits d'entrée et octroi	0 22
Prix d'achat, manutention, bénéfice	0 73
Soit le kilogramme	1 20

INDUSTRIE ET COMMERCE DES VIANDES CONGELÉES EN FRANCE ET EN ANGLETERRE.

Nous avons dit, en parlant de l'entreprise Sansinena quelles étaient les raisons qui avaient rendu difficile l'introduction des viandes congelées en France. Bien après la tentative du *Frigorifique,* une société, l'Argentine, avait établi en novembre 1887, 5 étaux, dans lesquels on débitait à Paris de la viande de mouton congelé provenant de la Plata. Cette société échoua et dut se dissoudre en juillet 1889. Encore une fois, le public ne l'avait pas suffisamment soutenue. De plus, cette société avait eu tort d'organiser des boucheries de détail, ce qui était une faute économique.

Actuellement, la seule importation faite en France est celle de la compagnie Sansinena, qui débite en moyenne 37,000 moutons par an à Paris, et une certaine quantité au Havre, à Dunkerque et à Rouen. En Angleterre, l'industrie des viandes congelées présente une bien plus grande importance.

Dans la *Review of the frozen «Meat Trade»*, nous trouvons d'intéressants renseignements sur les progrès de cette industrie : en dépit des difficultés et des insuccès nombreux qu'il a eu à essuyer, le commerce des moutons conservés par le froid a pris un développement rapide.

Le tableau suivant donne le nombre de moutons et d'agneaux importés par Londres et à Liverpool, de 1880 à 1888.

PORTS D'ARRIVAGE.	ORIGINES.	1880.	1881.	1882.	1883.	1884.	1885.	1886.	1887.	1888.	TOTAL.
Londres..	Australie	400	17,275	57,256	63,783	111,745	95,051	66.960	88,811	112,214	613,445
	Nouvelle-Zélande..	"	"	8,839	120,893	412,349	492,269	655,888	766,417	939,231	3,395,886
	République Argentine	"	"	"	17,165	108,823	190,571	831,245	242,908	197,460	1,088,167
	Iles Falkland, etc.	"	"	"	"	"	"	30,000	45,552	"	75,552
Importation totale pour Londres.		400	17,275	66,095	201,791	632,917	777,891	1,084,093	1,143,683	1,248.905	5,173,050
Liverpool.	République Argentine	"	"	"	"	"	"	103,454	398.963	676,000	1,178,417
Importation totale		400	17,275	66,095	201,791	632,917	777,891	1,187,547	1,542,646	1,924,905	6,351,467
Importation totale de la République Argentine		"	"	"	17,165	108,823	190,571	434,699	641,866	873,460	2,266,584

CONDITIONS D'ARRIVAGE.

La grande majorité des moutons reçus de cette manière arrivent dans de bonnes conditions; sur 445 chargements reçus à Londres, 31 seulement avaient été plus ou moins sérieusement endommagés. Cette proportion a d'ailleurs rapidement décru de 1883 où elle était de 10 p. 100, à 1888, où elle est arrivée à 4 p. 100.

QUALITÉ DE LA VIANDE.

La qualité des envois de la Nouvelle-Zélande a des tendances à baisser, tandis que les moutons platéens paraissent, au contraire, s'améliorer. Le poids moyen des premiers a sans cesse baissé et est tombé de 70 livres (en 1883), à 56 livres environ, tandis que le poids des seconds est monté de 40 à 50 livres. Jusqu'ici, les Anglais ont préféré les moutons néo-zélandais aux moutons platéens.

A l'origine, la consommation de la viande gelée se faisait presque uniquement à Londres : actuellement la province entre pour une part sensible dans cette consommation, et voici comment sont actuellement répartis les vaisseaux faisant le commerce de l'importation des moutons gelés en Angleterre.

PROVENANCE.	NOMBRE DE VAISSEAUX.	NOMBRE DE MOUTONS	
		IMPORTÉS actuellement.	qui POURRAIENT être importés annuellement.
De la Nouvelle-Zélande à Londres	10 voiliers. 16 steamers.	101,000 459,000	1,220,000
D'Australie à Londres	10 steamers.	48,000	145,000
De la République Argentine à Londres et Liverpool	21 steamers.	347,000	1,040,000
TOTAUX	57 vaisseaux.	955,000	2,405,000

En Angleterre, la viande importée sous forme vivante ou morte entre dans la proportion de 10 à 15 p. 100 de la quantité totale de viande consommée. Sur cette importation totale, la viande conservée par congélation entre dans une proportion de 20 p. 100 environ, soit 2 p. 100 environ de la consommation totale, et plus de la moitié de celle-ci est d'origine néo-zélandaise.

Le prix moyen, en Angleterre, de la viande conservée par congélation a subi les variations suivantes par livre :

1883	0f 67
1884	0 57
1885	0 52
1886	0 50
1887	0 42
1888	0 45

IMPRIMERIE NATIONALE

Nous croyons intéressant de donner quelques renseignements sur la façon dont se fait le commerce des moutons gelés dans la Nouvelle-Zélande et dans la République Argentine.

Nouvelle-Zélande. — Trois sociétés principales se livrent à ce commerce; ce sont :

The New Zéaland refrigerating C°, à Dunedin, dans la province d'Otago, qui exporte 141,561 moutons par an.

The Canterbury Frozen meat C°, à Christchurch, 226,000 moutons par an.

The Wellington meat Export C°, 104,000 moutons.

M. Craigei (*The growth and developement of the Trade in Frozen mutton*), établit ainsi, pour 1889, le prix de revient pour 1,000 livres de mouton gelé néo-zélandais :

	l.	s.	d.
Frais de refrigération	1	11	3
Sacs, change, dépenses diverses	1	0	10
Assurance	0	14	0
Fret	5	14	7
Droits à Londres	2	1	5
TOTAL	11	2	4
Perte de 5 p. 100 en poids	16	6	6
Bénéfice du producteur	5	14	2

Dans la Nouvelle-Zélande, les intérêts des producteurs (*freezings*) et des importateurs (*shippings*) sont distincts de ceux des commerçants (*stockowners*). Ces derniers reçoivent leurs moutons gelés à un prix fixe et les revendent ensuite à leur gré.

République Argentine. — Il n'en est pas de même à la République Argentine, et tout le commerce du mouton gelé est en quatre mains :

The river Plate Fresh meat C° of London, de MM. Drabble frères.

The Sansinena C°, à Liverpool et à Londres, la seule compagnie qui ait un dépôt en France.

La maison *Nelson* à Liverpool et la maison *Terrason*.

Ces diverses compagnies ont leurs installations dans la banlieue de Buenos-Ayres : la compagnie Nelson à Zareta; la compagnie Sansinena à Barracas; The River plate a un établissement à Campaña et un autre à Colona. Enfin, Terrason C° est situé à San Nicolas, sur les confins de la province de Santa-Fé.

Ces compagnies achètent dans les *estancias* ou sur les marchés, les moutons dont elles ont besoin, les refroidissent, les transportent et les vendent.

Suivant la *Presta* (janvier 1888), les exportations faites en moutons gelés par les compagnies platéennes, en 1887 comprennent :

	Moutons.
Sansinena	360,000
Drabble	282,000
Terrason	184,492
Nelson	170,000
Soit	996,492

Les sept dixièmes de cette exportation vont sur les marchés anglais.

LES VIANDES CONSERVÉES PAR LA CONGÉLATION, CONSIDÉRÉES AU POINT DE VUE HYGIÉNIQUE ET ÉCONOMIQUE.

M. G. Pouchet (*Revue scientifique*) a fait des expériences à l'usine de la Compagnie Sansinena, sur la conservation par le froid. Au commencement d'avril, M. Pouchet a enfermé dans des chambres froides des quartiers de viande de moyenne qualité, et, pendant soixante jours, ils ont été maintenus à une température voisine de — 15°.

La viande avait conservé sa couleur; elle était dure, compacte, et les forts quartiers ne pouvaient être coupés qu'à la scie. La chambre où la viande avait séjourné n'avait gardé aucune odeur de boucherie ou de viande.

Des morceaux furent mis à dégeler jusqu'au lendemain dans une cave froide. Au bout de douze ou vingt-quatre heures, la viande avait un peu l'apparence que les bouchers appellent *rassise.*

La viande laissait couler en dégelant un liquide aqueux, rosé, mais la viande et ce liquide étaient absolument inodores et n'avaient même pas l'odeur habituelle et caractéristique de la viande de boucherie. Les morceaux ont été préparés de différentes manières et servis à des personnes non prévenues qui ont trouvé la viande excellente, tendre et savoureuse. La viande crue conservée et le liquide qui s'en écoule ne manifestent pas de tendance à la décomposition rapide.

En 1878, dans un rapport à l'Académie des sciences, M. Bouley dit que les viandes conservées par le froid conservent toutes leurs qualités comestibles. M. Vilain, dans son ouvrage sur les viandes insalubres, dit en parlant des viandes congelées importées par *le Frigorifique,* qu'elles ont une belle apparence et une odeur normale, et qu'elles fournissent un aliment qui peut être mangé à l'égal des viandes de boucherie. Cependant dit-il, il se produit sur la coupe, après un certain temps d'exposition dans les chambres froides, une teinte plus sombre qu'il est bon de signaler.

Voici, suivant un rapport du docteur Lecadre sur les viandes fraîches importées d'Amérique au Havre, les résultats pratiques que donnent les trois modes de conservation de la viande fraîche, par la glacière, la ventilation et la congélation. La viande placée dans une glacière s'altère assez promptement et ne peut servir qu'à l'alimentation du personnel du navire qui la transporte. Elle perd assez vite sa sapidité, et prend ce que les marins appellent le *goût du bord*. Elle peut avoir des inconvénients si on la garde trop longtemps. La viande fraîche peut se conserver assez bien par la ventilation. C'est une bonne ressource, mais on a observé quelques accidents produits par son usage. M. Lecadre a examiné des viandes fraîches conservées dans les réfrigérants Julien Carré, qui avaient supporté une traversée de trois mois sur un steamer en provenance de La Plata et qui avait dû faire une longue relâche dans une des îles du Cap Vert. Cette viande était en bon état, mais, malheureusement, l'armement du navire était trop dispendieux.

Dans un rapport présenté à la Société française d'hygiène en 1881, M. le baron Michel est très favorable à l'emploi du froid pour la conservation des viandes.

M. Rocques (*La viande à Paris*) fait observer qu'il y a une grande différence entre les viandes rafraîchies, c'est-à-dire simplement conservées dans une atmosphère fraîche, qui nous arrivent par la frontière du nord-est, et les viandes congelées qui viennent du Havre. Les premières ne subissent pas de changement appréciable. On sait qu'en hiver la viande peut se conserver pendant plusieurs jours sans s'altérer; tel est simplement le cas de ces viandes rafraîchies. Il n'en est pas de même dans le cas des viandes platéennes. Par l'application d'un froid intense à la viande, l'eau se trouve congelée. Or cette eau n'existait pas seule; elle était intimement mélangée aux fibres; elle était pour ainsi dire combinée avec elles; elle était chargée des principes actifs du sang. Il ne faudrait pas croire qu'un pareil mélange se congèle intégralement et sans aucune modification. Quelle que soit la rapidité avec laquelle on applique le froid, il se produit toujours au début des cristaux de glace ou de neige formés d'eau presque pure.

C'est à la présence de ceux-ci qu'on peut attribuer la couleur de la viande dans les chambres frigorifiques, couleur rosée, bien plus pâle que celle de la viande décongelée.

Il se produit donc une modification au moment de la congélation, et il n'est pas probable que cette modification disparaisse complètement au moment où l'on ramène la viande à la température ordinaire.

Pour quelle raison, cette eau, qui s'est partiellement séparée à l'état de glace, viendrait-elle reprendre exactement la même place qu'elle occupait dans la fibre organisée? Il est possible que ce soit là la cause de la facilité avec laquelle ces viandes s'altèrent ensuite.

La viande de mouton argentin congelée pendant plusieurs mois et cuite est comparable comme aspect à la viande fraîche de mouton indigène. Elle est succulente, nutritive, mais elle se distingue par une légère saveur de venaison spéciale à la chair de tous les animaux de la Plata.

Ce goût spécial a été remarqué par les voyageurs qui ont séjourné à la Plata; il est dû principalement à la nature des herbages et au mode d'existence du bétail.

La viande argentine crue peut, après décongélation, se distinguer par l'aspect un peu plus foncé de la coupe de la viande, par une dessiccation très prononcée de la peau et des membranes, par suite du séjour prolongé dans l'air froid et sec; suivant certain auteur cette perte serait de 20 p. 100 du poids primitif.

Si l'étude des viandes congélées est intéressante au point de vue de l'hygiène, elle ne l'est pas moins au point de vue économique.

A notre avis, on ne peut considérer la viande platéenne réfrigerée comme devant faire une concurrence sérieuse à nos viandes fraîches, d'origine française ou autre. On doit plutôt la considérer comme venant faire l'appoint nécessaire à notre déficit en viande. «Il ne faut pas perdre de vue que la viande est un aliment de travail; il en faut à celui qui exerce une profession libérale comme à celui qui vit de son travail manuel; pour l'un et pour l'autre, manger de la viande c'est mettre dans la machine du charbon de bonne qualité qui donnera plus de force et permettra, par conséquent, de produire plus de travail. Or, à Paris, le travailleur, et surtout le travailleur manuel, ne mange pas assez de viande[1].»

C'est pourquoi toute tentative ayant pour but de fournir aux classes peu aisées de la viande saine et à bon marché doit être vivement encouragée. Suivant M. Calvet, l'importation des viandes de la Plata paraît présenter un avantage égal, sinon supérieur, à celui du débit de la viande de cheval sans constituer, plus que cette dernière, une concurrence dangereuse pour l'élevage français.

La qualité nutritive des viandes exotiques est comparable à celle des viandes françaises. On peut dire que ces viandes sont aussi bonnes, et qu'elles ont l'avantage de coûter moins cher que les viandes importées d'Allemagne et de Russie.

La viande de cheval a pris de l'extension parce que c'est une viande à bon marché. Il est intéressant, en se plaçant au point de vue de l'alimentation des classes pauvres, de voir quel est le prix des viandes congelées.

Le prix de revient par kilogramme des viandes argentines est à Paris de :

Fret maritime	0f 25
Assurance	0 04
Droit de douane	0 13
Droit d'octroi	0 11
Transport par chemin de fer	0 05
TOTAL	0 58
Achat de la viande, frais généraux, bénéfice	0 62
Prix de vente	1 20

Un des principaux obstacles qui paraîtraient s'opposer à la progression de consommation des viandes congelées est la surélévation des droits de douane dont elles sont

[1] *La viande à Paris.*

l'objet. En effet, la viande provenant de la République Argentine est soumise au tarif de douane général et paye par 100 kilogrammes :

	IMPORTATION DE L'ARGENTINE.	IMPORTATION PAR L'EST.
Droits de douane	12f 00	3f 00
Droits d'inspection sanitaire	1 00	1 00
Droits de statistique : 0 fr. 10 par mouton	0 50	0 50
TOTAL	13f 50	4f 50

La viande morte qui nous arrive par la frontière du Nord-Est est soumise au tarif de douane conventionnel et ne paye que 3 francs de droit par 100 kilogrammes, plus 1 franc de droit d'inspection. Les viandes étrangères importées par l'Est ont donc une prime de 0 fr. 09 par kilogramme au détriment des viandes platéennes.

De plus, ces dernières viandes se vendent au taux de nos viandes indigènes, c'est-à-dire 1 fr. 68 le kilogramme, tandis que la viande platéenne se vend 1 fr. 20. La lutte est donc difficile sur le terrain économique. « L'ensemble des droits qui frappent les viandes argentines s'élève à 29 francs par quintal métrique du Havre à Paris, soit, pour un chargement de 10,000 moutons pesant 200 tonnes, une somme de 5,800 francs. Or le même chargement ne paye pour entrer à Londres que 400 francs. C'est là, suivant M. Calvet, le principal motif de l'énorme extension prise en si peu d'années en Angleterre par les viandes argentines. »

Voici comment le même auteur résume, au point de vue économique, cette question des viandes congelées :

« 1° Viande française, 2 francs le kilogramme; viande abattue venant de l'Est, 1 fr. 55 le kilogramme (prix d'estimation en douane); viande platéenne, 1 fr. 20 le kilogramme;

2° Les viandes de provenance étrangère sont confondues dans la vente avec nos viandes indigènes et obtiennent le même prix qu'elles, au détriment du consommateur;

3° Les droits de douane exagérés s'opposent au développement de cette industrie.

4° La concurrence n'est pas à craindre pour les éleveurs français parce que la qualité de leur viande est bien supérieure; qu'il y a accroissement continu (environ 2 p. 100 par an) dans la consommation et qu'il faut des viandes saines, nutritives et à bon marché pour la consommation populaire. « Dans tous les cas, rien ne serait plus aisé que d'apposer un timbre spécial sur chaque carcasse de mouton à sa sortie du paquebot frigorifique; de la sorte toute confusion deviendrait impossible avec les produits de la boucherie française; les consommateurs auraient le bénéfice de l'usage d'un aliment excellent à bon marché sans aucun préjudice pour l'éleveur dont la production actuelle, de qualité supérieure, ne peut suffire aux exigences de l'alimentation. »

En résumé on doit donc considérer surtout la viande congelée comme étant une viande de consommation essentiellement populaire.

Dans les pages qui précèdent et qui sont relatives à la conservation des viandes, nous n'avons pas parlé de l'industrie de la viande en général; nous nous sommes bornés à étudier sous ses diverses faces l'application relativement récente des procédés de conservation de la viande fraîche par le froid. L'industrie nouvelle qui emploie ces procédés se borne généralement jusqu'ici à l'importation du mouton d'Australie, de la Nouvelle-Zélande et de la Plata, en Angleterre et en France.

Mais quelque considérable que soit le développement pris par cette industrie née d'hier, il ne doit pas nous empêcher d'examiner les autres procédés mis en œuvre. Pour faire cette étude nous examinerons successivement l'industrie de la viande dans deux grands centres de production : la République Argentine et l'Uruguay, d'une part; les États-Unis d'autre part, et nous verrons ensuite ce qui a été fait dans les colonies françaises.

INDUSTRIE DE LA VIANDE DANS L'AMÉRIQUE DU SUD.

C'est seulement de la République Argentine, de l'Uruguay et d'une partie du Brésil que nous aurons à parler, car c'est seulement dans ces pays de grand élevage que la viande est l'objet d'une industrie considérable. Disons de suite que, dans ces pays, la viande n'est, pour le producteur, qu'un accessoire, un déchet, le commerce se portant presque uniquement sur le cuir, le suif et la laine. C'est pour cette raison que l'élevage du mouton, qui, avec sa laine, donne un produit de rapport annuel, est une source de fortune plus importante que le bœuf.

Nous donnerons d'abord quelques indications sur l'élevage du bétail, puis nous étudierons le mode d'exploitation du bétail dans les *saladeros* [1], en cherchant à montrer d'une façon nette de quelle manière s'opère actuellement la transformation de l'industrie de la viande dans l'Amérique du Sud. L'élevage du bétail joue un rôle important dans la République Argentine et l'Uruguay, parce que lui seul peut permettre de faire passer pratiquement la terre vierge à l'état de terre cultivée.

«Dans la République Argentine, dit M. Daireaux [2], la colonisation a été préparée pendant des siècles par un agent passif de peuplement, dont l'œuvre disparaît aujourd'hui avec tous ses résultats, le bétail.»

C'est le foulement de la terre par les pieds des chevaux qui donne à la terre vierge sa première façon. Pendant deux à trois ans on en met 3,000 à 4,000 pour 10,000-20,000 hectares sous la surveillance d'un gaucho. Vient ensuite le bœuf qui fume et piétine la terre pendant six à huit ans.

M. Daireaux divise au point de vue de l'élevage la République Argentine en cinq zones :

[1] Nom donné aux fabriques d'exploitation des viandes dans l'Amérique. — [2] *La vie et les mœurs à la Plata.*

ZONES.	LIMITES.
Première zone. — Autour des cités; production du lait et des viandes.	*Limites.* — Autour de Buenos-Ayres, de Quilmes à San-Vicente, au Pilar et à Campana.
Deuxième zone. — Agriculture et élevage du mouton.	*Limites.* — Jusqu'au Tandil, Olavarria, Chascomus, Pergamino et l'arroyo del Medio.
Troisième zone. — Mélange de deux élevages bœuf et mouton.	Limites anciennes de la province de Buenos-Ayres.
Quatrième zone. — Troupeaux de bœufs.	Limites actuelles de la province de Buenos-Ayres et faible partie des territoires nationaux.
Cinquième zone. — Troupeaux de chevaux.	*Limites.* — Reste des territoires nationaux.

L'*estancia* [1] où se pratique l'élevage du gros bétail a une étendue de 8,000 à 10,000 hectares. Elle est entourée d'une clôture solide faite de cinq fils d'acier supportés par des pieux plantés de 15 en 15 mètres (chaque pieu revient à 5 francs environ, mais ils sont d'une solidité à toute épreuve). La clôture coûte environ 5,000 francs la lieue courante, mais c'est là une dépense utile, car, si l'on veut s'en passer, il faut la remplacer par un escadron d'hommes à cheval qui surveille le bétail tandis qu'un seul homme suffit pour inspecter l'état des clôtures.

L'*estancia* est administrée par un majordome assisté d'adjudants ou capataces. On met à l'origine 2,000 bêtes environ sur l'estancia, puis on établit peu à peu dans les endroits convenables 20 troupeaux de moutons de 1,500 bêtes chacun. En fonctionnement régulier l'estancia compte environ 6,000-7,000 à 20,000 moutons. Les troupeaux vivent en liberté dans l'*estancia*. Les taureaux, les vaches et les bœufs vivent là en grandes familles. Ils forment des troupeaux de 1,000 à 2,000 têtes qui campent chacun en un lieu spécial nommé *rodeo* d'où ils partent le matin par groupes. Ce rodeo est une esplanade desséchée dominant la plaine, sous le soleil, en plein champ. Il ne présente pas une très grande importance pour l'exploitation des estancias closes, mais il n'en est pas de même pour celle des *estancias* ouvertes. Pour les besoins de l'exploitation il est souvent nécessaire d'y réunir le bétail; on se sert pour cela des *sénuelos*. Le *senuelo* (mot espagnol : appeau) est un jeune bœuf dressé, facile à reconnaître, qui dirige le troupeau et le conduit au rodeo sur un appel particulier. Le dressage du senuelo s'opère de la manière suivante : on choisit 8 à 10 bœufs de même âge, de même taille, de même poil, ayant une robe se distinguant facilement, toute blanche ou toute noire. On les isole du troupeau puis un pasteur les dresse. Pour cela il les réunit plusieurs jours de suite les fait courir et les poursuit armé d'un long bambou, ferré à son extrémité et garni d'une clochette. Le dresseur court sus aux animaux et les pique en criant : En avant bœuf! Au bout de quelques jours il suffit d'attacher la clochette au cou d'un des bœufs qui devient ainsi le chef de la troupe; ses compagnons se groupent d'eux-mêmes autour de lui. Pour amener le troupeau au rodeo le pasteur

[1] Parc à bétail.

cherche le senuelo et lui court sus en criant. Au premier cri le *senuelo* prend le galop vers le rodeo et au son de la clochette tout le troupeau suit.

On rassemble les troupeaux au *rodeo* pour la marque, la castration, la vente, etc.

Les taureaux, au compte de 8 à 10 pour un troupeau de 1,000 têtes, vivent à l'écart; sauf au printemps où ils se mêlent au troupeau et le fécondent. Dans une exploitation de 10,000 hectares, une fois les animaux habitués à ne plus franchir les limites il suffit d'un *catapaz*, sorte de directeur d'exploitation et d'un *gaucho* faisant la besogne.

Dans toutes ces exploitations on attache une grande importance au choix des reproducteurs que l'on fait venir d'Europe. La race Durham et la race Hereford y sont très répandues : cette dernière étant souvent préférée à cause du poids de son cuir.

INDUSTRIE DES SALADEROS.

Les fabriques d'exploitation de viande dans l'Amérique du Sud se nomment *saladeros*. La principale raison d'être de ces saladeros est au point de vue économique la production du suif et du cuir. L'installation des *saladeros* est fort ancienne et cette industrie n'a plus actuellement les raisons d'être qui ont amené sa création. Il s'agissait alors d'utiliser les bœufs et d'en tirer le meilleur parti possible; le *tasajo* produit à la Plata, par exemple, était principalement destiné aux nègres du Brésil et des Antilles. Depuis cette époque, deux événements importants sont survenus : d'une part l'abolition de l'esclavage, d'autre part l'organisation des transports de viande fraîche en Europe.

Au Brésil, depuis l'abolition de l'esclavage, les *saladeros* dans lesquels on fabriquait le *xarque* et la *carne-seca* ont périclité. Ces produits barbares étaient autrefois principalement destinés aux esclaves, et l'on travaille maintenant à transformer dans ces pays l'industrie de la viande et à remplacer la fabrication des viandes séchées par celle des viandes gelées. Si cette transformation ne se produit pas plus rapidement, c'est parce que l'industrie des saladeros est ancienne et bien implantée, et que, depuis quelques années, la fabrication des extraits de viande est venue la compléter et la soutenir. Cependant cette transformation est inévitable et tout le monde à la Plata en comprend la nécessité. Le président de la République Argentine disait, le 7 mai 1889 : « Les Argentins n'ont préparé jusqu'ici de la viande que pour les nègres du Brésil et de Cuba, et il est temps que les éleveurs, reconnaissant que le grand marché consommateur des viandes de la Plata se trouve chez les nations européennes, préparent pour elles des produits qui rendent avantageuse une industrie aussi noble et aussi fructueuse que celle de l'élevage. »

A la Plata on a produit : en 1881, 22 millions de kilogrammes de tasajo, et, en 1886, 37 millions de kilogrammes.

En 1886-1887, l'écoulement du tasajo est devenu d'autant plus difficile que, pour raison sanitaire, l'accès des ports brésiliens lui a été fermé pendant plusieurs mois. Les prix du *tasajo* se sont avilis et beaucoup d'*estancieros* ont pris le parti de se livrer plutôt à la production du mouton. Les bœufs, matière première des saladeros, viennent des provinces argentines de Corrientes et d'Entre-Rios. Les acheteurs du Brésil et de l'Uruguay viennent les acheter là, puis les emmènent par troupes de 1,000 à 1,500. On les mène dans les prairies de la République de l'Uruguay, nommées terrains d'invernada (d'hivernage). Quand ils sont engraissés on les vend, de novembre à février, aux saladeros de la côte de l'Uruguay ou du Brésil. Le plus périlleux pour ces troupeaux est la traversée de l'Uruguay, qui se fait généralement à la nage, sous la conduite des senuelos.

L'un des saladeros les plus importants est celui de Fray Bentos, où se fabrique l'extrait de viande Liebig. Il est largement représenté à l'Exposition dans le pavillon de l'Uruguay et nous en décrirons succinctement le fonctionnement.

On y abat environ 400,000 bœufs par an, et, pour donner une idée de l'importance de cet établissement, nous citerons les quelques chiffres suivants : on y consomme en moyenne 7,500 tonneaux de charbon et 3,500 tonnes de sel par an. Il occupe plus de 600 personnes et on évalue à 3,500 âmes la population des alentours. Les estancias qui avoisinent le saladero peuvent contenir plus de 35,000 animaux à l'engrais.

L'abatage se fait de la manière suivante : un senuelo, ou bœuf conducteur, amène le bétail dans des parcs qui vont en se rétrécissant et se terminent par une sorte de couloir dans lequel les bœufs sont engagés à la file. Au bout de ce couloir le bœuf arrive sur une plate-forme dont le sol est glissant, où on le prend dans un lazzo. Il est poussé sur un wagonnet à hauteur du sol et le *desnuquenador* le frappe à la nuque avec son couteau. Le bœuf tué est amené sur la *playa* où les *desolladores* le dépouillent.

En cinq minutes le cuir est étendu et immédiatement couvert d'une couche de sel. Les cornes et les langues sont mises de côté. Les tripes sont séparées et servent à préparer des cordes. Les charqueadores découpent alors la viande qui sert à préparer d'une part de l'extrait de viande, d'autre part du tasajo. Pour préparer l'extrait de viande on se sert d'abord de hachoirs mécaniques, puis de marmites où la vapeur extrait le suc de la viande; ce suc, passé dans des vaporisateurs, est soumis à la filtration et enfin passe dans des refroidisseurs. Un bœuf donne en moyenne 8 livres d'extrait et 1 kilogramme d'extrait correspond à 34 kilogrammes de viande.

Viande sèche ou tasajo. — Le *tasajo* (*cueros, sebo, xarque, carne-seca,* etc.) se fait avec les quartiers de viande. C'est de la viande salée, séchée et pressée. Il se mange en général avec des légumes, surtout des haricots. Il donne, paraît-il, à ceux-ci une saveur agréable et appétissante, mais la chair n'a presque plus de saveur. Sous forme de rôti, il serait assez agréable, bien que dur. Enfin, pour donner un bouillon limpide et convenablement sapide, il a besoin d'être additionné d'un poids égal de viande fraîche. Le tasajo sert à préparer la *feijoada,* plat national brésilien.

Si nous en jugeons par les quartiers de tasajo exposés dans le palais de l'Uruguay, et qui ne se recommandent guère par leur odeur ni par leur aspect, ce mets est un véritable restant de barbarie.

Tous les déchets gras du saladero sont traités par la vapeur et fournissent du suif; les déchets maigres servent à faire de la farine qu'on emploie comme engrais en Angleterre. On compte dans les saladeros qu'un bœuf produit 100 francs et un mouton 12 francs.

Dans l'Uruguay, nous citerons aussi le saladero de Sacra-Paysandu exploité par la Compagnie Pastoril, qui expose comme produits des viandes en marmelade et de la purée de bœuf qui a servi à l'extraction de l'extrait de viande. Dans l'exposition de l'Uruguay figure également une préparation à base de viande : la viande liquide peptonisée ou carne-liquida du Dr Valdès Garcia.

Dans la République Argentine, c'est un continuateur de Liebig et un collaborateur de l'œuvre de Fray-Bentos qui ont fondé dans ce pays l'une des principales fabriques d'extrait de viande. L'établissement de Kemmerich, fondé en 1881, est situé à Santa-Elena (République Argentine), dans une région fort salubre arrosée par le Rio Parana; l'abatage annuel est actuellement de 60,000 bœufs.

Voici quelques détails sur la façon dont s'y pratique le travail. L'abatage y est fait par des gauchos (métis d'Européens et d'Indiens); la prise du bétail est d'abord effectuée au moyen du lazzo qui s'enlace autour des cornes; l'animal frappé d'un coup de stylet à la nuque tombe aussitôt, est chargé sur un wagonnet qui le transporte aux abattoirs. Là, en quelques minutes, il est dépouillé et dépecé. La viande désossée, dégraissée et séparée des tendons et membranes, sert à préparer l'extrait. Celui-ci est vérifié puis enfermé dans des bidons en zinc et ceux-ci expédiés à Anvers. C'est dans cette dernière ville que se fait la mise en pots et en boîtes. Voici quelle est la production annuelle :

Extrait de viande	130,000 kilogr.
Bouillon concentré	110,000
Peptone de viande	50,000
Langues de bœuf	60,000

Citons aussi, parmi les produits figurant dans la République Argentine, la viande sèche et les langues conservées de la *Commission auxiliaire d'Entre-Rios.*

Au Brésil, dans la province Rio Grande du Sud, l'élevage du bétail se fait dans des campas sur une grande échelle, d'une manière analogue à l'élevage de la Plata.

L'établissement qui à l'Exposition représente pour le Brésil cette industrie est celui de Cibils, qui fabrique des extraits de viande, des bouillons concentrés et des conserves de viande. L'exploitation se fait dans deux établissements : le premier, fondé en 1874, est situé près de Salto (Uruguay). Il occupe 150 hommes et peut abattre 150 bœufs par jour. Le second établissement, fondé en 1882, est situé près de San Luis de Caceres, dans la province de Matto Grosso (Brésil). Celui-ci est parfaitement

placé pour ce genre d'industrie, les prairies et pâturages de Matto-Grosso et de Goyaz étant classés parmi les plus beaux et les plus productifs du Brésil. Cet établissement emploie 300 hommes et la fabrication y est installée pour un abatage de 25,000 têtes de bétail par an. Les deux établissements ont un débouché annuel de :

Bouillon concentré	200,000 kilogr.
Extrait de viande peptonisé	100,000

Dans la section chilienne, on peut citer les conserves de bœuf en boîte de *Lailhacar*.

PRIMES D'ENCOURAGEMENT DONNÉES PAR LA RÉPUBLIQUE ARGENTINE POUR L'ÉLEVAGE DU BÉTAIL.

Après avoir montré dans ses grandes lignes l'industrie de la viande dans l'Amérique du Sud, nous ne pouvons passer sous silence les efforts que fait le Gouvernement argentin pour encourager l'élevage du bétail. Le congrès de 1887 vota une prime de 2,500,000 francs à répartir entre les exportateurs de viandes salées et congelées qui se soumettraient aux dispositions réglementant la matière; une partie de cette somme a été distribuée entre l'établissement de Drabbe et quelques autres consacrés exclusivement à l'exportation des viandes conservées. Voici le texte de la décision du congrès :

1° La somme de 500,000 dollars serait comptée chaque année, pendant un espace de trois ans, à partir du 1er janvier 1888, dans le but d'encourager l'exportation du bétail vivant, du bœuf et du mouton conservés par le froid ou d'une autre manière; cette somme sera distribuée comme suit : 250,000 dollars annuellement en primes pour l'exportation du bétail vivant ou du bœuf conservé; 150,000 dollars en primes pour l'exportation du mouton conservé par le froid; 100,000 dollars en subsides et primes accordés dans les expositions agricoles et les foires.

2° La valeur des primes distribuées sera de 20 dollars par 1,000 kilogrammes de bœuf ou 3 dollars par chaque animal vivant de l'espèce bovine ou 6 dollars par 1,000 kilogrammes de mouton;

3° Les primes ci-dessus ne seront pas attribuées dans les cas suivants : *a* quand une compagnie ou un commerçant n'auront pas exporté plus de 5,000 kilogrammes de viande ou plus de 25 bestiaux vivants par trimestre; *b* quand les bestiaux vivants ou les viandes conservées devront servir de provision à un vaisseau pour effectuer un voyage; *c* quand les bestiaux vivants seront exportés par terre.

Dans le message du Président de la République Argentine, on trouve quelques détails justificatifs au sujet de ces encouragements. On y admet que le prix d'un mouton à Buenos-Ayres est de 2 dollars 20 cents dont il faut déduire 15 cents pour le suif et 1 dollar pour la peau.

La valeur du mouton dépouillé du suif et de la peau, et pesant en moyenne 40 livres, est donc de 1 dollar 5 cents. Ce qui correspond en livres sterling à :

Mouton (40 livres)	0l 84c
Congélation	0 42
Fret et emballage	1 15
Dépenses à Londres	0 42
Prix de revient à Londres	2l 83c

Le congrès de 1888 a autorisé le Gouvernement argentin à accorder une garantie de 5 p. o/o sur un capital de 8 millions de dollars (40 millions de francs) aux établissements faisant l'exportation du bœuf, non seulement comme conserves de viande, mais aussi comme bétail sur pied.

La somme fut ainsi répartie :

Pour la province de Buenos-Ayres	17,500,000 fr.
Pour la province de Santa-Fé	7,500,000
Pour la province de Entre-Rios	7,500,000
Pour la province de Corrientes	7,500,000

On estime que les 20 millions de têtes de bétail existant dans la République Argentine ont une valeur de 150 millions de dollars et que les 20,000 lieues carrées de terres employées à l'élevage de ce bétail représentent une valeur de 600 millions de dollars. Le capital engagé dans cette industrie est donc d'environ 750 millions de dollars ou 100 millions de livres sterling.

Une garantie donnée par le Gouvernement de 400,000 dollars ou 53,000 livres sterling est donc très admissible. En 1889, la province de Santa-Fé a supprimé l'impôt du matanza (tuerie), qui s'élève à 1 million de francs par an.

Par ce qui précède on peut se rendre compte du prodigieux effort qu'a fait l'Amérique du Sud pour organiser l'une de ses plus grandes industries. Il est cependant permis de douter que les résultats qu'elle a donnés jusqu'ici aient été en proportion de l'activité dépensée. M. Daireaux, dans son étude fort consciencieuse sur la Plata, estime qu'il en est ainsi : «Il est cependant étrange, dit-il d'arriver à constater que le dernier mot de cette étude de l'élevage des grands troupeaux de bœufs est qu'il aboutit à notre époque, malgré le développement et le bon marché des transports, malgré l'augmentation de la population dans tous les pays de l'Europe et celle plus active encore de leur consommation, à cette conclusion, que cette production n'a pas plus d'emplois qu'au siècle dernier, que ce commerce aura beau créer des marchés ou écouler ce trop plein, il n'existe pour elle qu'un marché, le marché local qui ait quelque importance; elle ne peut demander à l'exportation de lui prendre autre chose que la laine de ses moutons et la dépouille de ses bœufs. L'éleveur d'Europe n'est encore ni atteint, ni même menacé par l'énorme production des grands troupeaux de bœufs sud-américains.»

Et dans une autre partie de cette étude il ajoute : «Il en sera de même toujours, de la viande; son prix s'est toujours élevé et s'élèvera encore; il faudra construire encore et aménager des flottes de steamers pour apporter à travers l'Atlantique des chargements de viandes, qui seront toujours, quoiqu'on fasse, insuffisants à combler, à atténuer même le déficit de France et d'Angleterre. Le jour où, par impossible, on sera parvenu à force d'efforts de temps et de capitaux à satisfaire les demandes de ces deux pays, le déficit se sera de nouveau ouvert sous l'impulsion des consommateurs plus exigeants; il faudra mettre en œuvre d'autres moyens pour le combler; or, la viande n'est pas compressible; il lui faut son espace, il faut en diviser les masses, de façon que les machines employées puissent la garantir pendant de longues traversées. Il est donc facile de conclure que, pour être résolu en théorie, et admirablement résolu, le problème de l'alimentation de l'Europe, par les pays exotiques, n'en demeure pas moins fort compliqué et plus plein de promesses pour nos arrière-neveux que pour nous-mêmes. »

II

CONSERVES DE VIANDES EN BOÎTES. — PROCÉDÉS APPERT ET FASTIER.

Ces procédés ont pris une grande extension aux États-Unis et les fabriques de Chicago sont largement représentées à l'Exposition. Nous entrerons à ce sujet dans des détails assez complets relatifs à l'industrie de la viande aux États-Unis, qui peuvent servir de type pour les industries similaires.

Parmi les pays producteurs de l'Amérique du Sud, la République Argentine, si remarquable au point de vue de l'exportation des moutons congelés, n'est que pauvrement représentée au point de vue des conserves en boîtes.

L'Uruguay présente quelques types de viandes en conserve, préparées avec soin.

Des efforts très sérieux avaient cependant été faits à plusieurs reprises pour organiser dans ces deux pays la fabrication régulière des conserves de viandes. Pendant ces vingt dernières années, plusieurs saladeros s'étaient successivement portés adjudicataires des fournitures demandées par le Gouvernement français; ils avaient créé ainsi l'un après l'autre des usines très importantes.

Les conserves y étaient généralement bien fabriquées, mais la plupart des sous-produits n'étaient pas utilisés; la fabrication générale était conduite sans méthode scientifique. Les saladeros n'avaient eu d'ailleurs en vue que de remplacer pour l'exportation de leur viande une partie de la préparation du tasajo par des conserves en boîtes.

Toutes ces entreprises échouèrent malheureusement, parce qu'à la faveur d'adjudications trop fréquentes, de nouveaux venus installaient des usines qui privaient les anciennes de leurs débouchés et se trouvaient rapidement elles-mêmes sans travail.

Elles succombèrent enfin devant la concurrence des usines de Chicago, qui, très puissantes par leurs capitaux et la savante organisation de leur fabrication, absorbèrent toutes les fournitures du Gouvernement français.

Peut-être eût-il été plus sage pour notre administration d'empêcher ces dépossessions successives et par là de maintenir à la Plata une industrie qui fît toujours de ce pays une réserve d'approvisionnements militaires pour la France.

INDUSTRIE DE LA VIANDE AUX ÉTATS-UNIS.

L'industrie du bœuf conservé vient comme importance après celle des produits du porc. Cependant la valeur moyenne de l'exportation du bœuf conservé durant les dix dernières années a dépassé de beaucoup 85 millions de francs par an, sans compter l'exportation du bœuf vivant.

Voici les chiffres pour 1888 :

Exportation	du bœuf préparé	92,200,000 francs.
	des animaux vivants	57,885,000

Élevage et nourrissage. — La plus grande partie des bestiaux viennent des plaines herbeuses du Texas, du territoire indien, de l'État du Colorado et des territoires de l'Utah, Montana, Idaho et du nouveau Mexique. D'autres bestiaux qui ne sont pas nourris exclusivement dans les pâturages arrivent des régions riches en céréales, telles que les États de l'Illinois, Indiana, Kentucky, etc. Le bétail désigné sous le nom de bétail indigène descend des races importées au XVe siècle par les Espagnols. Les éleveurs américains ont introduit dans leurs troupeaux des animaux et des reproducteurs des races des Short-horms, Herlfords, Polled, provenant des fermes d'Europe. On rencontre dans presque tous les États de ces animaux de race pure.

Transport. — Le transport des animaux vivants se faisait autrefois dans des wagons découverts où l'on entassait les bestiaux sans s'inquiéter des blessures et des jambes cassées. Le voyage s'accomplissait ainsi avec peu ou point de nourriture et généralement sans eau. Actuellement on a organisé des compagnies de wagons-étables. Les wagons employés sont construits sur le modèle des wagons de voyageurs de Pullmann avec des roues de papier comprimé, cerclées d'acier, des ressorts elliptiques, des freins à air Westinghouse et des accouplements automatiques pour éviter les chocs aux départs et aux arrêts. On place 20 têtes de bétail par voiture; des cloisons de planche descendant du toit permettent de séparer les animaux. Ceux-ci peuvent se coucher et sont pourvus de nourriture et d'eau. Un système de ventilation assure le renouvellement de l'air.

Ces frais de transport se trouvent largement compensés par l'excellente condition du bétail quand il arrive à destination. Ainsi un troupeau de bétail transporté du territoire d'Idaho à New-York a parcouru en 107 heures les 2,500 milles qui séparent ces deux points et les bêtes n'ont maigri que de moins de 10 kilogrammes par tête en moyenne, soit 2 1/2 p. 100 de perte. Une seule compagnie possède 1,400 wagons-étables en service sur les routes de l'Ouest pour amener le bétail vivant à Chicago.

Établissements de Chicago. — Leur installation générale. — Chicago est le centre de l'industrie de la viande aux États-Unis tant pour la préparation des viandes en boîtes que pour les produits du porc. Viennent ensuite Cincinnati et Saint-Louis, puis des établissements appartenant pour la plupart aux industries de Chicago, et situés à Omatra (Nébraska), Kansas city (Missouri), etc. Dans tous ces établissements on suit à peu de variantes près les mêmes procédés que dans les grands établissements de Chicago; aussi suffira-t-il de donner la description de ceux-ci.

Leur ensemble se compose de deux parties :

1° *L'Union stock yard and transit C°* qui couvre une étendue de 13 hectares et demi, dans la ville de Lake à 6 kilomètres de Chicago. C'est le lieu d'arrivage, de réception et de parquage du bétail. Le Stock yard peut contenir à la fois 25,000 bœufs et 66,000 porcs, et, en 1888 il a reçu 2,611,543 bœufs, 4,921,712 porcs et 1,500,000 moutons. Vingt lignes de chemin de fer différentes aboutissent au parc et le relient à tous les points d'expédition.

La Stock yard C° possède et entretient une double voie de 240 kilomètres qui en fait le tour et la rattache à toutes les lignes de Chicago.

2° Le *district de Packing Town*, couvrant une surface d'environ 13 hectares et demi, et formé par les établissements de fabrication de conserves. Bien que formant un district à part, ceux-ci sont contigus et communiquent avec le Stock yard.

Arrivage, réception et parquage du bétail. — Le bétail arrive tous les jours, sauf le dimanche, de 7 à 8 heures du matin à 4 ou 5 heures de l'après-midi. Les bouviers montés sur des bronchos, solides chevaux du Montana, ou sur des poneys pies du Texas courent rapidement dans toutes les directions, mettant le bétail dans sa voie, et couvrant presque par leurs cris les mugissements des bœufs.

Il y a six plates-formes d'arrivée, mais seulement deux portes par lesquelles doit entrer, pour pénétrer dans les parcs, tout le bétail qui arrive par le chemin de fer. A chacune de ces portes est placé un inspecteur du service sanitaire de l'État, qui examine chaque animal avant son entrée dans le parc. Le bétail qui arrive dans les premiers mois est principalement celui des pays à maïs; pendant le reste de l'année les bestiaux viennent principalement du Texas et des États et territoires du Far-West. Les bestiaux sont consignés à des maisons de commission dont 200 environ sont installées dans le Stock yard. Chaque compagnie de chemin de fer a un bureau sur la plate-forme où elle apporte et décharge son bétail.

Quand un train de bestiaux ou de porcs arrive par ce chemin de fer un avis est affiché au bureau, indiquant l'expéditeur, le destinataire et le nombre des têtes de bétail.

Une fois l'inspection sanitaire passée et le bétail rentré, c'est la Stock yard C° qui en prend possession, paye le transport et distribue le bétail dans divers parcs selon leurs propriétaires.

Le commissaire auquel le bétail est consigné donne à la Compagnie ses ordres pour la nourriture et l'abreuvage des animaux, c'est la Compagnie qui fournit cette nourriture ainsi que les gardiens du bétail. Les acheteurs des diverses *Packing Houses* viennent dans ces parcs. Ces acheteurs sont des hommes de confiance et expérimentés (recevant un traitement de 25,000 à 35,000 francs). Ils examinent le bétail et en font un prix de tant par 50 kilogrammes selon le cours. Ils ont le droit de choisir et excluent rigoureusement tout animal qui paraît avoir été blessé, n'être pas absolument sain ou être de qualité inférieure à ceux qu'ils ont ordre d'acheter. Un peseur accompagne chaque acheteur, suit le bétail quand on le pèse et le soumet à un nouvel examen au moment de la livraison à l'acheteur; le commissionnaire paye à la Compagnie le prix du voyage, du séjour et de la nourriture du bétail.

Les porcs sont conduits au Packing house par des galeries couvertes construites en bois, qui les mènent directement des parcs à l'abattoir.

Les bœufs et les moutons y arrivent ordinairement de plain-pied. Toutes ces opérations sont faites avec le moins de violence possible, et elles sont surveillées par la Société protectrice des animaux.

La Société de l'Union Rendering C° a seule le privilège de faire usage des animaux morts, dont elle se sert pour fabriquer de la graisse, de la colle forte et de l'engrais. Cette compagnie a un grand intérêt à ce qu'aucun animal ne lui échappe et les animaux vivants seuls peuvent entrer dans la fabrique de conserves.

Abatage. — Le bétail étant entré dans l'abattoir, on l'y laisse en repos pendant quelques heures jusqu'à ce que toute surexcitation se soit apaisée, et, en été, on l'asperge d'eau de temps à autre. On pousse alors doucement le bétail sur une pente qui aboutit à un grand nombre de petites loges; chacune de celles-ci a la dimension d'un bœuf. Au-dessus s'élève un étroit échafaud placé à environ 0 m. 30 au-dessus de la tête de l'animal et composé de quelques planches grossièrement réunies et d'un ais conduisant d'une loge à l'autre; sur cet échafaud, l'exécuteur se tient debout, un maillet à la main; il attend que le bœuf soit parfaitement tranquille, vise alors soigneusement et lui assène un coup violent au milieu du front. L'animal tombe insensible, sans pousser une plainte ou un mugissement, et le bruit de sa chute s'entend presque en même temps que le coup qu'il a reçu. La trappe qui se trouve en face de la loge est aussitôt levée; une chaîne, attachée à une machine à vapeur, est jetée autour des cornes de l'animal et il est entraîné jusqu'à l'abattoir. Là, on lui assène encore un ou plusieurs coups et on lui coupe la gorge. Généralement l'animal ne donne plus aucun signe de vie après l'abatage de la loge, si ce n'est un coup de pied convulsif quand on tranche la moelle épinière.

Préparation de la viande. — Aussitôt que la gorge est coupée, on enlève la peau de la tête et on la rejette sur le dos; on tranche la tête, on passe une chaîne autour des pieds de derrière, et l'animal est hissé au-dessus du sol et suspendu à une barre d'acier au-dessous de laquelle est placée une gouttière de bois qui court au milieu du sol. Il suffit d'une minute et demie pour assommer, tuer, décapiter et accrocher la bête à la barre de saignée. Elle reste là environ 10 à 15 minutes, et la circulation étant encore chaude et active, la saignée est aussi parfaite que possible. Après que le corps est parfaitement égoutté, on le fait glisser sur la barre d'acier jusqu'à l'endroit où il doit être dépouillé. Là on le place sur le dos et on le fend depuis le sternum jusqu'en bas. La peau est détachée des côtes par un ouvrier exercé. On enlève la graisse de la coiffe, qui est mise de côté pour la fabrication de l'oléo-oil; on raccroche ensuite l'animal à la barre; on retire les intestins, l'estomac, etc.; on enlève la peau, puis on le fend sur le dos et on le partage en deux. Ces deux parties sont transportées sur des chariots dans une autre partie de l'abattoir où la chair est lavée à l'intérieur et essuyée à l'extérieur. On laisse l'animal dans la pièce qui précède la chambre frigorifique jusqu'à ce que sa chaleur soit éteinte, puis on le fait passer dans celle-ci et il y séjourne 24 ou 48 heures, selon son poids. Les plus grandes fabriques possèdent quatre de ces chambres frigorifiques pouvant contenir chacune 900 bœufs. Généralement, afin de laisser circuler l'air plus librement, on n'y attache que 600 corps à la fois. Une température uniforme, voisine de 0 degré, est maintenue au moyen de saumure glacée artificiellement, qui circule dans des tuyaux placés autour de la chambre.

Transport de viandes fraîches. — Les animaux destinés à être vendus comme viande fraîche sont partagés en quartiers, puis placés dans des wagons réfrigérants. Ceux-ci ont 9 mètres de long sur 2 m. 50 de large. La barre est placée à 2 mètres au-dessus du sol et 0 m. 35 au-dessous du toit. Les quartiers de bœuf y sont accrochés. Chaque wagon contient 30 bœufs, représentant chacun 325 kilogrammes. Sur le toit de chaque wagon est placé un réservoir pouvant contenir 2 tonnes de glace, et on les remplit au départ avec un mélange de glace concassée et de sel gris. En été ce mélange peut-être renouvelé à certaines stations. Les wagons conservent une température de 3 à 5 degrés.

Préparation des viandes en boîtes. — Cette partie de l'industrie des États-Unis s'est développée dans des proportions gigantesques, ainsi qu'on peut le voir en examinant les chiffres cités plus loin.

Les animaux que l'on emploie pour la mise en boîtes sont généralement des vaches indigènes bien engraissées ou des bestiaux du Texas. Le bœuf conservé, après avoir été salé et mariné dans le frigorifique à une température de + 3 degrés, est porté à la fabrique et cuit à la vapeur dans de l'eau chaude.

Des hommes le découpent ensuite; ils jettent les cartilages et ne choisissent que les parties qui doivent être conservées pour la mise en boîtes.

Le remplissage est fait à la machine; on place les boîtes dans un récipient et on les remplit par le fond; un tampon ou piston d'acier presse fortement la viande. On pèse les boîtes; on vérifie leur poids; on soude le fond de la boîte et on y ménage un petit orifice circulaire; on place ensuite les boîtes dans un bain de vapeur pendant environ une demi-heure, puis on soude rapidement la petite ouverture; un expert vérifie si les boîtes sont en bon état, puis on les passe à la vapeur et à l'eau chaude pour les nettoyer extérieurement; on les plonge dans l'eau froide. Des femmes les vernissent et apposent les étiquettes.

Préparation du «chip beef». — Le chip beef est mariné pendant trente jours de la même manière que le bœuf salé. Ensuite on le fume pendant 48 heures comme le jambon, puis on le suspend pendant dix ou quinze jours dans le séchoir à air. Des machines le coupent en tranches et on le met en boîtes.

Préparation des langues. — Les langues sont préparées dans le frigorifique; on examine si elles ont des défauts, et celles que l'on juge bonnes sont écorchées et mises en boîtes.

Préparation de l'extrait de viande. — L'extrait est préparé dans des chaudières où l'on peut faire le vide :

1 kilogramme d'extrait épais est fourni par 10 kilogrammes de bœuf;

1 kilogramme d'extrait liquide est fourni par 6 kilogrammes de bœuf.

Le premier peut s'additionner de quarante fois son poids d'eau, et le second de dix fois.

Préparation des soupes. — On emploie pour ce travail des chefs habiles qui confectionnent d'abord les soupes comme si on devait immédiatement les consommer. Ils arrêtent la cuisson un peu avant qu'elle ne soit terminée; on les met en boîtes qu'on passe à la vapeur et qu'on soude. Pour la soupe de volaille, on achète des volailles toutes préparées dans les campagnes par millions de kilogrammes à la fois, on les cuit en partie; on découpe les poitrines, les pattes et les ailes et on les met en boîtes dans la proportion de 230 grammes environ de viande solide dans une boîte de 1 kilogramme. Le reste du poulet est bouilli en consommé et ajouté à la viande afin de remplir la boîte; on passe à la vapeur et on soude.

Utilisation des déchets. — On ne perd aucune partie de l'animal: les pieds et les têtes, qui autrefois étaient souvent enterrés dans les prairies, sont convertis en colle forte et en engrais. Les sabots et les cornes sont expédiés dans l'Est et servent à faire des manches de couteaux. Le sang est recueilli, cuit, desséché et sert à préparer de l'engrais. Les peaux des intestins, bien nettoyées, servent d'enveloppe pour les saucissons; les débris et rebuts vont à la fabrique d'engrais. Les lavures des planches recueillies dans des égouts servent à faire de la graisse de voitures. Les peaux de bœuf sont vendues aux tanneurs et constituent un des principaux rapports; ces peaux valent jusqu'à 0 fr. 50 la livre, tandis que le bœuf ne vaut que 0 fr. 25.

La fabrique de colle forte et d'engrais, dans laquelle la maison Armour and C° utilise les rebuts de ses produits, recouvre un terrain de 4 hectares, emploie quatre cents hommes, et a expédié en 1888 :

Colle forte	2,500,000 kilogr.
Engrais	6,000.000
Graisse	1,500,000

On peut se faire une idée de l'importance qu'a prise, à Chicago, l'industrie de la viande par les renseignements suivants relatifs aux quatre principales maisons.

La maison Armour and C° emploie 5,000 ouvriers par jour en été et 6,000 en hiver; les bâtiments occupent 160,000 mètres carrés et les réfrigérateurs 120,000. Le chiffre total de ses affaires, en 1888 a été de 290 millions de francs, et elle a abattu dans cette même année :

Porcs	1,140,000
Bœufs	561,200
Moutons	164,540

Pendant les dix dernières années, elle a abattu 4,010,160 bœufs.

La maison Swift and C° fait depuis douze ans l'abatage des bêtes à cornes, et depuis deux ans seulement se livre à l'industrie du porc.

En 1888, elle a tué et expédié :

Bœufs	487,766
Porcs	301,677

Les carcasses de bœufs découpées s'expédient en frigorifiques dans les États-Unis et à Londres, Glascow et Liverpool.

La Fairbanck C°, établie en 1880, abattit la première année 75,000 têtes de bétail.

En 1888, elle a abattu 468,498 bœufs, 163,229 moutons, et elle a préparé 7,340,560 boîtes de conserves de viandes. Elle emploie 3,100 ouvriers et utilise 6 machines à glace pouvant produire 300 tonnes de glace par jour. Elle possède 640 wagons réfrigérants pour le transport de la viande fraîche.

La Hammond Dressed Beef C° a fait abattre, en 1888, 220,000 bœufs pour la préparation des conserves.

Parmi les produits qui figurent dans la section des États-Unis, nous devons aussi citer : les viandes séchées, salées et fumées de Cassard, à Baltimore; les conserves de bœuf bouilli de Morris; les produits de Curtier, de Brougham (viandes, extraits, soupes), de Goudby, de Richard Son et Robbins.

Les statistiques de l'agriculture dans les États-Unis donnent les indications suivantes :

EXPORTATION DE LA VIANDE FRAÎCHE DE BOEUF.

	Dollars.		Dollars.
1877	49,210,990	1883	81,064,373
1878	54,046,771	1884	120,784,064
1879	54,025,832	1885	115,780,830
1880	84,707,194	1886	99,423,362
1881	106,004,812	1887	83,560,874
1882	67,586,466	1888	93,498,273

VALEUR DES DIVERSES PRÉPARATIONS DE BOEUF.

DÉSIGNATION.		1855.	1865.	1875.	1887.
		dollars.	dollars.	dollars.	dollars.
Bestiaux vivants		84,680	159,244	1,103,085	9,172,136
Viande de bœuf	salée	2,600,547	3,308,730	4,197,956	1,972,246
	fraîche	"	"	"	7,228,412
	confite	"	0	"	3,462,982
Totaux		2,685,227	3,467,984	5,301,041	21,835,776

Le commerce de la viande fraîche de bœuf date de 1877.

INDUSTRIE DE LA VIANDE DANS LES COLONIES FRANÇAISES.

Bien que les colonies françaises ne renferment pas des terres d'élevage comparables aux vastes territoires de l'Amérique du Nord et de l'Amérique du Sud, il en est cependant comme la *Nouvelle-Calédonie,* qui possèdent des quantités de bétail fort importantes et les usines nécessaires à l'exploitation méthodique de l'industrie de la viande.

L'exposition coloniale présente, en effet, de nombreux produits fabriqués dans les usines que MM. Prevet ont créées en Nouvelle-Calédonie. De même qu'à Chicago, tous les sous-produits du bœuf sont utilisés et travaillés dans des ateliers spéciaux.

On ne peut mieux décrire ces usines qu'en reproduisant ce qu'en a écrit M. F. Ordinaire, ancien député, au retour de la mission dont le Gouvernement français l'avait chargé en Nouvelle-Calédonie.

M. Ordinaire s'exprime ainsi :

Les usines Prevet. — C'est à Gomen-Ouaco que sont situées les usines de MM. Prevet, les plus importants des établissements qui aient encore été créés en Nouvelle-Calédonie.

Nous avons dit que la Calédonie est un merveilleux pays d'élevage; mais le bétail n'est une richesse que si l'on en peut trouver l'écoulement à des prix suffisants. Les colons dont les entreprises prospérèrent pendant les premières années de la conquête tant que le nombre de têtes de bétail qu'ils pouvaient vendre ne suffisait pas à l'alimentation de la population et des condamnés, virent bientôt que tous leurs efforts allaient devenir stériles. La production commençait à dépasser la consommation et les prix s'avilissaient. L'Administration avait bien décidé que son fournisseur devrait se pourvoir lui-même chez tous les éleveurs au prorata de l'importance des troupeaux que chacun possédait, mais ce fut bientôt cependant une lutte ardente entre les colons, chacun essayant par tous les moyens de vendre quand même au détriment de ses voisins.

L'anarchie ne tarda pas à être complète et la ruine générale. La plupart des éleveurs n'eurent bientôt plus d'intérêt à parquer leurs troupeaux et à entretenir le personnel nécessaire. On abandonna le bétail qui, cherchant sa vie dans la montagne, commença à devenir sauvage et à ravager les plantations des Canaques. Enfin les malheureux colons ruinés se laissaient poursuivre, abandonnaient tout et ne pouvaient même plus payer leurs redevances au Domaine. La situation devenait désespérée et désespérante pour la colonie; les propriétés abandonnées perdaient toute valeur, l'État ne percevait plus les annuités et se voyait menacé d'une nouvelle insurrection des Canaques.

C'est alors qu'on demanda à l'Administration de la guerre de faire fabriquer en Nouvelle-Calédonie une partie des conserves de bœuf qu'elle achète chaque année en Amérique. L'Administration y consentit et adjugea une fourniture importante à la colonie.

Il ne restait plus qu'à créer les établissements industriels nécessaires; mais ce n'était pas chose facile. Il était impossible, en effet, de se contenter comme à la Plata d'une fabrication un peu rudimentaire.

Dans l'Amérique du Sud, on tue le bœuf pour en avoir la peau, et, après avoir préparé quelques boîtes de conserves, tout le reste de la viande est salé et devient une nourriture pour les nègres.

Les usiniers de la Plata qui achètent le bétail sont tous des saladéristes ou des fabricants d'extrait de viande.

En Océanie, la viande salée ne peut pas se vendre et il faut que tous les déchets des animaux soient utilisés en sorte que ce n'est pas une simple fabrique de conserves mais une véritable cité industrielle que MM. Prevet ont créée à Gomen-Ouaco. Nous croyons qu'il n'existe quelque chose de semblable dans le monde qu'à Chicago.

Gomen est située sur un monticule, au milieu des prairies, à quelques kilomètres de la mer. Nous avons visité successivement les abattoirs où l'on tue cent bœufs chaque jour, les ferblanteries, la menuiserie, les ateliers de fabrication des conserves, les ateliers pour l'extrait de viande et les bouillons, ceux pour la fonte des graisses, la savonnerie et la fabrique de gélatine et de colle-forte, la boyauderie, la fabrique des engrais chimiques, la dessiccation du sang, le salage des peaux, puis de nombreux magasins pour les matières premières et les produits fabriqués.

Un chemin de fer relie tous ces ateliers les uns aux autres et descend à la mer où un wharf permet le débarquement et l'embarquement des marchandises.

Les principaux bâtiments construits en fer, les machines à vapeur, les chaudières, l'outillage, tout est venu de France.

De fait quand on visite les ateliers on se croirait dans une de nos grandes villes manufacturières et c'est en réalité une douzaine d'industries différentes que MM. Prevet ont créées du même coup dans la colonie.

Le bien que cette création a fait en Nouvelle-Calédonie est énorme; les produits des usines ont à eux seuls dès la première année plus que doublé la valeur des exportations de l'île et le chiffre va en augmentant chaque année.

Pour assurer l'approvisionnement de leurs usines MM. Prevet ont créé le syndicat des éleveurs et c'est peut-être là la plus belle partie de leur œuvre.

Avec le concours d'une des plus importantes maisons de commerce de Nouméa la maison Ballande, ils ont réussi à faire cesser la lutte entre les éleveurs, à les grouper et à leur assurer à tous, petits ou grands, en quelque point de l'île qu'ils soient, la livraison de tous les produits de leur élevage à des conditions identiques; l'Association fournit d'abord l'administration et toutes les boucheries civiles et envoie tout l'excédent à Gomen.

Le grand bienfait de cette association est que chaque éleveur est certain à l'avance d'écouler tout ce qu'il produira à un prix rémunérateur uniforme pour tous. Dès lors tous les troupeaux de l'île et tous les domaines ont repris une valeur réelle; c'est peut-être de 20 à 25 millions que la fortune publique de la colonie s'est trouvée ainsi augmentée du fait de l'installation des usines de MM. Prevet et de la constitution du syndicat des éleveurs.

Tous profitent, en effet, des exportations de l'usine sans avoir fourni autre chose que le produit de leur élevage; l'argent reste dans la colonie, tout le commerce local en bénéficie.

L'État voit ses ressources augmenter et chaque propriétaire améliore son domaine.

Voilà un bel exemple de ce que peut produire l'Économie sociale pratiquée par des industriels intelligents.

L'Administration de la guerre trouve enfin le moyen de ne plus demander à l'étranger la totalité des conserves de viande dont elle a besoin pour ses approvisionnements et d'assurer en même temps la prospérité de cette colonie dont l'élevage est la principale industrie.

Les établissements créés par MM. Prevet en Nouvelle-Calédonie rendent ainsi à notre pays un véritable service public.

On doit remarquer que le bétail calédonien provient exclusivement d'animaux des races de Durham et d'Hertford, importés dans l'île il y a vingt-cinq ans et que par conséquent les produits de l'élevage donnent une viande de qualité excellente.

Après avoir longuement appelé l'attention sur la grande industrie de la viande, qui se pratique et ne peut se pratiquer que dans les pays pastoraux, nous devons signaler les produits fabriqués dans nos pays. Si ces derniers ne viennent pas en première ligne comme quantité, ils sont à remarquer par leur qualité, et l'on peut dire qu'à ce point de vue la France vient en première ligne.

France. — C'est ainsi que les galantines de volaille et les gibiers truffés, exposés par la maison Chevalier, sont de beaux produits. On peut en dire autant des pâtés d'alouettes de la maison Gringoire, à Pithiviers. Nous devons aussi citer, parmi les exposants français, les maisons Chevallier-Appert, Dumagnou, F. Potin, Rodel, Amieux, Lasson et Legrand, Pellier, Saupiquet, ainsi que Dumoutier, Petitjean et Desmarais, Raynal et Roquelaure, Risch et Cheminant, et la maison Reynaud, à Chambéry, pour ses gibiers.

Angleterre. — A Londres, la maison Brand et Cie fabrique diverses préparations de viande désignées sous le nom d'*essences* de bœuf, de mouton, de veau, de poulet, bouillon de bœuf concentré et pastilles de viande. Cette maison occupe 150 ouvriers et le matériel est chauffé à la vapeur. L'essence de bœuf, préparée en 1861 par le docteur Druitt, est du jus de viande extrait simplement par l'emploi d'une douce chaleur. On le clarifie et il se présente sous forme d'une gelée fine dont on remplit des boîtes de fer-blanc.

Citons aussi le bouillon Fleet, qui date de 1888. C'est un thé de bœuf fait avec de la viande peptonisée.

En Suisse, Maggi, à Kempthal, fabrique des potages tout préparés en tablettes de 50 grammes, dont la valeur nutritive correspondrait à 50 grammes de viande fraîche et 200 grammes de légumes frais. Son *extrait de viande* est renfermé dans de petits tubes gélatineux qui fondent dans l'eau bouillante. Il prépare aussi du bouillon concentré et des croquettes de viande-biscuit pour l'armée.

Naumann, à Winterthur (Suisse), fabrique de l'extrait de viande peptonisée.

En Belgique, nous signalerons la maison Antognoli, qui prépare des pâtés de gibiers, des gibiers farcis et truffés ou en salmis, la maison Dumoutier et la maison Richard.

En Espagne, la maison LUMBRERAS, à Bilbao (Société *La Bilbaïana*), fabrique des conserves de viande et de gibiers en boîtes; la maison CAAMAÑO expose également ces produits.

En Italie, les produits de la maison CITTERIO méritent d'être cités.

En Norvège, nous citerons CONRADSEN, la STAVANGER PRESERVING C° (bœuf en saumure), STANGELAND, la PRESERVING C° à Bergen, et SCHREINER, NILSEN et THIIS pour les gibiers.

En Finlande, les gibiers de GRÖNKVIST.

III

PRODUITS DE LA CHARCUTERIE.

Nous avons cru devoir consacrer un chapitre spécial aux produits de la charcuterie, industrie de la viande de porc. Nous y classerons aussi certains produits tels que les foies gras, les saucissons, etc.

FRANCE.

Les préparations à base de viande de porc ne donnent pas lieu, dans notre pays, à une industrie organisée d'une manière aussi puissante qu'aux États-Unis. On aurait pu supposer que le fait de la prohibition des viandes américaines (février 1881) aurait comme conséquence l'accroissement de l'industrie française de la charcuterie; il n'en a rien été, et on peut s'en rendre compte en comparant les statistiques officielles de l'agriculture, qui indiquent une diminution très notable du nombre des porcs existant en France depuis 1882. Voici les chiffres :

ANNÉES.	NOMBRE DE PORCS.
1882	7,146,996
1885	5,881,088
1886	5,774,924
1887	5,978,916

L'industrie de la charcuterie est répandue un peu par toute la France, et l'élevage du porc est toujours un accessoire de la petite culture; nous n'avons rien de comparable, sous ce rapport, aux grands établissements de Chicago.

Néanmoins, les produits français occupent un rang honorable.

Parmi les plus remarquables, nous citerons ceux que présente la maison GATEGLOUT. Celle-ci s'occupe de la fabrication des salaisons de viande de porc et de tous les produits qui en dérivent (jambons, poitrines, saucissons d'Arles, de Lyon, de Lorraine, etc.). Elle en produit annuellement pour 2,400,000 francs.

La salaison des viandes s'opère dans cinq caves très profondes, munies d'une centaine de cuves à saler, construites en pierre de Bourgogne, briques et ciment suivant leur usage, et dont la contenance varie de 1,000 à 4,000 kilogrammes chaque. Des glacières servent à la conservation des viandes et à leur raffermissement en vue de leur préparation.

Les produits de la maison CONRAT (saucissons d'Arles et de Lorraine, jambons), méritent aussi une mention.

La maison GUIMIER, à Richelieu (Indre-et-Loire), présente des jambons de belle qualité. Citons aussi les saucissons, la mortadelle et les soupes en boîtes de la maison TACOT, les jambons et salaisons de la maison LIBORD.

Plusieurs fabricants français ont exposé des pâtés de foie gras de canard ou d'oie qui attestent une grande perfection de cette industrie. La fabrication des pâtés de foie gras d'oie constitue la spécialité des foies gras de Strasbourg. Citons les maisons WURSTHORN, HENRY, PION et HOTTO, DRONNE, dont les produits méritent d'être mentionnés.

A Toulouse est localisée la fabrication des pâtés de foie gras de canard, et les exposants qui en présentent les plus beaux produits sont les maisons TIVOLLIER, SEVESTRE, AUBOUER, DESCHANDELIER et CLAUDOT, RAYNAL et ROQUELAURE.

INDUSTRIE DE LA VIANDE DE PORC AUX ÉTATS-UNIS.

L'industrie de la conservation des viandes de porc (*pork packing*) présente une très grande importance aux États-Unis. Ce pays occupe, en effet, le premier rang pour l'élevage des porcs. Suivant les estimations du Ministère de l'agriculture, on en comptait 43,544,755 au 1er janvier 1888.

Les régions des États-Unis qui produisent le plus de viande de porc sont celles dans lesquelles le maïs est le plus abondant et le moins coûteux. Ainsi les sept grands États à maïs figurent, dans la statistique officielle, pour 20 millions. Ces États sont classés dans l'ordre suivant :

Iowa, Missouri, Illinois, Ohio, Kansas, Indiana et Nebraska.

Ces États sont connus sous le nom d'« États de *corn-surplus* » (à production de céréales abondantes), où le maïs est d'un prix si bas qu'il est bien moins coûteux de l'envoyer au marché sous forme de viande de porc que de le transporter en grain. Les porcs appartiennent presque exclusivement aux races du Berkshire et de Poland China.

Le nourrissage se pratique de la manière suivante : dès que les jeunes porcs, désignés sous le nom de *pigs* (cochons au-dessous de 6 mois), peuvent se tirer d'affaire tout seuls, on les conduit au pâturage et on leur donne, à certaines heures du jour, une nourriture supplémentaire de maïs.

A l'âge d'environ 6 mois on retire les petits porcs du pâturage et on commence leur engraissement pour le marché. Ils sont alors désignés sous le nom de *hogs* ou porcs du commerce.

On leur donne, dans leur parc, du maïs en abondance et de l'eau claire et fraîche. Cette dernière condition est indispensable pour obtenir la meilleure qualité de porc.

Dans les pays où sont établies des distilleries de grain, comme, par exemple, le Kentucky, on nourrit les porcs avec les drèches. La chair de ces animaux est molle et impropre à la conserve; on ne peut pas l'expédier dans les pays étrangers.

Les porcs envoyés dans les grands centres d'expédition ont été presque exclusivement nourris d'herbe, de glands et de maïs.

Quand ils ont atteint un poids variant de 75 à 175 kilogrammes, ils sont prêts pour le marché où on donne la préférence aux porcs pesant moins de 100 kilogrammes. Les fermiers les transportent alors en charrettes ou en traîneaux à la station de chemin de fer la plus proche et les consignent à quelque négociant-commissionnaire de Chicago, Cincinnati ou Saint-Louis.

Le transport s'effectue dans des wagons couverts, bien aérés. On les conduit avec autant de soin que possible pour éviter qu'ils se meurtrissent; la trace d'un coup de fouet ou de bâton suffisant pour faire refuser l'animal.

Les porcs arrivent dans les établissements de Chicago, et leur commerce donne lieu aux mêmes formalités que celles que nous avons décrites en parlant des conserves de bœuf.

ABATAGE DES PORCS ET MISE EN BOÎTES DE LEUR VIANDE.

Dans son rapport sur l'*Industrie de la viande aux États-Unis,* M. Clarke donne une description très intéressante de ces opérations, nous la reproduisons ici :

Quand un troupeau de porcs a été acheté par une maison d'alimentation et que toutes les formalités obligatoires, telles que inspection sanitaire, pesage, etc., ont été observées, ils sont conduits sur un plan incliné à un couloir élevé et couvert menant aux parcs de la fabrique de viande conservée à laquelle ils sont destinés. Là, on leur donne le temps de se reposer et de se rafraîchir, et ils font connaissance avec leur nouvelle demeure. Après qu'un laps de temps suffisant s'est écoulé, généralement 24 ou 48 heures, pendant lesquelles on leur donne à manger du maïs et on leur donne de l'eau en abondance, un homme, connu sous le nom de «snaffler», entre dans les parcs et soulevant le pied de derrière à chacun des animaux sans méfiance y passe un gros anneau ovale en fer qui s'arrête à la jointure. Dans cet anneau il introduit, au moment voulu, par son bout le plus petit, un double crochet attaché à une chaîne; ce crochet est tiré en l'air par un mécanisme et il enlève le porc étonné, qui proteste, la tête en bas, à 8 ou 10 pieds du sol. Le gros bout du crochet est jeté sur une tige d'acier inclinée, et une légère impulsion fait glisser le porc le long de cette tige jusqu'à une plate-forme où se tient le «sticker», le couteau en main. Avec une célérité merveilleuse, la même main en exécute ainsi souvent jusqu'à 8 ou 10 en une minute, il plonge l'arme pointue et à lame tranchante dans la gorge de l'animal et fait une entaille longitudinale vers le haut de 7 ou 8 centimètres; le sang s'en échappe aussitôt, comme l'eau d'une gouttière. Un mouvement de la main du «sticker» envoie l'animal mourant glisser plus loin. Alors, il est accroché, poussant des cris aigus avec une force à peine diminuée pendant cinq minutes environ, jusqu'à ce que tout son sang soit écoulé. Presque avant qu'il ait cessé de vivre, son corps étant encore tout frissonnant, on le fait glisser du bout de la tige de fer et on le plonge dans un chaudron d'eau bouillante, dans lequel il reste juste le temps voulu pour amollir les soies de la peau. Il est tiré de l'eau bouillante par un mécanisme vraiment ingénieux et placé sur la table à égouttage où un homme, si l'opération est pendant l'hiver, lui arrache les soies, dont il est orné pendant cette saison de l'année; un autre homme, debout, de l'autre côté de la table, entoure la corps d'une chaîne sans fin qui le pousse contre une roue tournant verticalement et garnie sur son rebord extérieur de larges saillies d'acier flexibles. Cette machine, en quelques secondes, enlève jusqu'au dernier vestige des soies sur les parties accessibles de la peau. Après que le porc a subi cette opération, il est jeté sur une longue table; 16 hommes, 8 de chaque côté, attendent son arrivée. Deux d'entre eux rasent, à la jointure des pieds de devant, les soies que la roue n'a pu atteindre; un autre, d'un seul coup, tranche presque entièrement la tête, qui pend, retenue seulement par un lambeau de chair. Un aide, dans le même temps, pratique deux incisions dans les pieds de derrière et y place un bâton. Il glisse une extrémité du double crochet autour de ce bâton, passe l'autre sur la barre et, poussé doucement, le porc recommence son voyage. Dix minutes ont suffi pour transformer un porc, bien nourri et content de vivre, en un corps décapité et sans soies. Pendant le voyage, un courant d'eau froide coule, sans interruption, sur l'animal et lave toute trace des opérations de découpage et de boucherie auxquelles il a été soumis. Un autre ouvrier fend l'animal et enlève l'estomac et les intestins. Un autre retire la graisse qui doit servir, plus tard, à faire le «neutral» de l'oléomargarine, comme nous l'expliquons plus loin. À quelque distance se tient un autre homme qui «figure» les jambons. Il trace sur la peau, avec un couteau très pointu, la forme des jambons qui doivent être coupés. À ce moment le porc s'est éloigné d'environ 7 ou 8 mètres de la cuve bouillante dans laquelle il a été plongé d'abord. La tête est alors complètement détachée; on retire la langue qui doit être mise en boîte pour servir aux lunchs, et la tête est flambée et transformée en porc anglais, ou bien la chair des bajoues est enlevée, et le reste est converti en lard, selon le prix courant de ces articles.

On pousse le corps un peu plus loin; une main exercée trace une ligne le long du dos pour guider le «chopper». On enlève l'entrave, un enfant tire une corde attachée à un des pieds de derrière afin d'écarter les pattes et le «chopper», armé d'une hache à viande, partage le corps en deux moitiés par le milieu de l'épine dorsale. On le transporte alors sur des chariots à la chambre de suspension où on le laisse jusqu'à ce que le dernier vestige de chaleur animale ait disparu, avant qu'on le porte dans la chambre à froid. C'est là une précaution très nécessaire et que l'on observe soigneusement, car si le corps était immédiatement porté dans la chambre à froid, l'air froid congèlerait la chair extérieure, laissant à l'intérieur la chaleur animale, et la viande se gâterait dans la saumure. La température maintenue dans le frigorifique est d'environ 2 degrés centigrades pendant toute l'année. Dans les fabriques de conserves bien organisées on obtient cette température, pendant les chaleurs, par les mêmes procédés employés pour la conservation du bœuf, c'est-à-dire au moyen d'eau salée refroidie par l'évaporation d'ammoniaque et qu'on projette dans des tuyaux qui font le tour de la chambre. Dans d'autres maisons, on obtient avec de la glace des résultats moins uniformes. Après être restée dans le frigorifique pendant 48 heures environ, la viande est tirée par une chaîne sans fin et tombe sur le billot. Là, en deux coups, on coupe en trois morceaux chaque quartier du porc. D'un coup on enlève le jambon, d'un autre l'épaule, et le flanc seul reste. On donne à ces morceaux la forme nécessaire, et ils sont prêts à être salés.

Chaque partie de l'animal est utilisée. Les garnitures de viande maigre provenant des jambons, des épaules et des côtés, servent à faire des saucisses; les pieds sont marinés ou mis en boîtes; les oreilles et autres parties gélatineuses sont converties en colle-forte.

Le sang séché et pressé se vend 0 fr. 05 par livre comme engrais. Les peaux des intestins sont nettoyées pour servir d'enveloppes à la chair de saucisse. Les soies sont vendues; les intestins, les garnitures salés, et les autres rebuts sont mis de côté pour faire de la graisse à savon, et le résidu fait de l'engrais.

La méthode employée pour préparer la viande, la saler ou la mariner, est la suivante : on met d'abord les viandes qui doivent être conservées dans la cave, pièce carrelée bien sèche, maintenue à une température de 5 degrés centigrades, environ, et d'où l'on exclut toute lumière. Là, les jambons sont classés par poids et saupoudrés de salpêtre, de sel et de sucre granulé. Au bout de 10 jours, on les retourne et on les saupoudre de nouveau, puis on les laisse s'imprégner pendant 20 ou 80 jours.

On traite de même les côtés, à moins qu'on n'ait l'intention d'en faire du «mess pork». Dans ce cas, on les plonge immédiatement dans la saumure humide, et lorsqu'ils sont suffisamment salés, on les essuie et on les embarille dans des tierçons de sel sec, ensuite on verse de l'eau dessus.

Quand les jambons sont tirés du cellier, on les gratte, on les nettoie, tous les défauts de parure sont corrigés; en même temps on examine soigneusement s'il y a des taches, des meurtrissures ou toute autre imperfection. Ceux qu'on a trouvés parfaits sont reportés au frigorifique, placés sur des châssis et refroidis pendant 24 heures au moins. Après cela, ils sont placés dans des tierçons remplis d'une saumure composée de sirop, de sucre, de salpêtre, de sel et d'autres ingrédients; ils restent dans cette saumure et dans le frigorifique pendant 60 à 75 jours, avant qu'on les juge suffisamment préparés pour être fumés. Alors on les retire de la saumure, on les lave et on les porte dans le bâtiment à fumer. C'est, ordinairement, un bâtiment de briques d'une épaisseur de 0 m. 30, élevé de trois étages; il est partagé en compartiments par des cloisons mobiles que l'on retire lorsque les jambons ont été suspendus à des crochets fixés à des poutres installées pour cet usage. Un feu de noyer blanc ou d'érable — ce dernier bois est regardé comme donnant le meilleur goût — est allumé en bas, le «smoke house» est fermé, et les jambons sont fumés pendant 48 heures. Ils sont prêts pour la vente. Aucune viande salée n'est mise en vente si elle n'a pas passé 35 jours, au moins, dans la saumure; c'est une période suffisante pour détruire toutes sortes de germes. La majeure partie des viandes de conserve reste dans la saumure ou subit d'autres préparations très rigoureuses pendant un temps plus long.

Les jambons, etc., sont inspectés périodiquement par les employés du «Board of Trade», de Chicago, et les acheteurs ont toujours le droit d'exiger une inspection semblable avant la livraison. Les principales fabriques de viande de conserve ont, à maintes reprises, offert leur concours pour l'établissement d'un système uniforme d'inspection de leur viande, sous la direction du Gouvernement, avant qu'elles soient expédiées, et le Congrès doit s'occuper, prochainement, d'une proposition qui lui est soumise à cet effet. Ces fabriques accomplissent, d'ailleurs, leurs opérations avec la plus grande publicité, on permet aux visiteurs d'entrer dans toutes les parties de l'établissement pour assister aux diverses opérations.

EXPORTATION.

Depuis 1860, l'exportation moyenne des États-Unis en préparations diverses de porc a été d'environ 15 p. 100 de la production, soit 2,800,000 animaux ou 560 millions de livres de produits conservés. Le nombre des porcs abattus en 1888 par les expéditeurs ou par les fermiers est évalué à 19 millions, sur lesquels 17 millions ont été abattus par les expéditeurs.

En 1881, au moment où plusieurs épidémies de trichinose ont été constatées en Europe, plusieurs nations ont adopté une législation prohibitive qui a fait baisser de 43 p. 100 l'exportation des États-Unis pour les produits du porc. En 1881, cette exportation, qui avait atteint son maximum, était de 523 millions de francs. Elle a été de 300 millions environ en 1888. La consommation des produits du porc est, aux États-Unis, environ cinq fois plus grande que le total des mêmes produits exportés.

Il est facile de se rendre compte des variations qu'a eu à subir l'exportation en jetant un coup d'œil sur le tableau suivant emprunté à un travail de M. Dodge (*Statistique de l'agriculture aux États-Unis*).

Le maximum est atteint dans les années 1880 et 1881, et l'exportation baisse brusquement au moment où les mesures prohibitives sont prises en Europe.

EXPORTATION DES DIVERSES PRÉPARATIONS DE PORC AUTRES QUE LE PORC FRAIS.

ANNÉES.	LARD, JAMBONS.	SAINDOUX.	PORC SALÉ.
	livres.	livres.	livres.
1861	50,264,267	47,908,911	31,297,400
1862	141,212,786	118,573,307	61,820,400
1863	218,243,609	115,336,596	65,570,300
1864	110,886,446	97,190,765	63,519,400
1865	45,990,712	44,342,295	41,710,200
1866	37,588,930	30,110,451	30,056,788
1867	25,648,226	45,608,031	27,374,877
1868	43,659,064	64,555,462	28,690,133
1869	49,228,165	41,887,545	24,439,832
1870	38,968,256	35,808,530	24,639,831
1871	71,446,854	80,037,297	39,250,750
1872	246,208,143	199,651,660	57,169,518
1873	395,381,737	230,534,207	64,147,461
1874	347,405,405	205,527,471	70,482,379
1875	250,286,549	166,869,393	56,152,331
1876	327,730,172	168,405,839	55,195,118
1877	460,057,146	234,741,233	69,671,894
1878	592,814,351	342,667,920	71,889,255
1879	732,249,576	326,654,686	84,401,676
1880	759,773,109	374,979,286	95,949,780
1881	746,944,545	378,142,496	107,928,086
1882	468,026,640	250,367,740	80,447,466
1883	340,258,670	224,718,474	62,116,302
1884	389,499,368	265,094,719	60,363,313
1885	400,127,119	283,216,339	71,649,365
1886	419,78,8796	293,728,019	87,196,966
1887	419,922,955	321,533,746	85,869,367
1888	375,439,682	297,740,007	58,836,966

Les grands établissements de Chicago présentent leurs produits dans une remarquable exposition collective.

La maison Armour et Cie a abattu, en 1888, 1,140,000 porcs, et les abatages des dix dernières années ont été de 10,651,229 porcs, qui ont produit :

Saindoux	426,000,000 livres.
Viandes de toutes espèces	1,050,000,000
Jambons (21,302,458 jambons)	340,000,000
Saucissons	250,000,000
Total	2,066,000,000

La maison Swift a tué, en 1888, 301,677 porcs qui ont donné :

20,000 tierçons de lard (saindoux pesant 6 millions de livres);

37,347 barriques de porc pour équipage ou de gamelle (chaque barrique, de 200 livres);

15,502 tierçons de jambon en saumure (poids du tierçon, 300 livres);

1,522,249 tierçons de jambon salé;

3,789 tierçons d'épaules en saumure;

1,970,176 tierçons d'épaules salées;

9,519,080 tierçons de flancs découpés et préparés de différentes manières.

La maison Swift est la première qui ait opéré le transport de ses viandes en frigorifique : son installation est remarquable.

Parmi les produits qui figurent dans l'exposition américaine, nous devons encore mentionner : les jambons en boîtes de la maison Morris, à Chicago; les jambons de Baltimore de la maison Cassard, et ceux de la maison Michener.

ANGLETERRE.

Les Anglais excellent dans la préparation des jambons.

La maison Harris et Cie, à Calne-Wilts, de fondation très ancienne, tue de 400 à 500 porcs par jour et sa fabrication est hors ligne. La maison Coleman présente de beaux jambons dont la viande rosée et parfumée trouve un écoulement important à Paris, où il s'en débite de 1,500 à 2,000 par semaine.

ITALIE.

Beaucoup d'exposants présentent des saucissons et des mortadelles d'excellente qualité, entre autres les maisons Nanni, à Bologne, Bonicelli, Citterio, Fiocchi, Ribolzi, Pinolini et Dentici.

ESPAGNE.

Mentionnons les saucissons et jambons exposés par la maison Los Carinas.

RUSSIE.

Les jambons présentés par la maison Mokrooussow, à Jambow, méritent d'être signalés.

CHAPITRE II.

CONSERVES DE POISSONS.

Les divers modes de conservation s'appliquent sur une grande échelle pour la préparation des conserves de poissons :

La *dessiccation* s'emploie dans la grande industrie de la morue, concurremment avec la conservation en saumure. La *conserve Appert* est celle qu'on utilise pour la préparation des conserves de sardines, qui donne lieu, en France, à une industrie considérable; elle s'applique aussi au homard, hareng, etc.

Les procédés de conservation par les substances *antifermentescibles* jouent ici un grand rôle et comprennent : d'une part, la conservation en *saumure,* dans laquelle le sel est l'agent antiseptique; d'autre part, la conservation par *fumage,* procédé hybride, dans lequel la conservation est due non seulement aux principes antiseptiques contenus dans la fumée (créosote, etc.), mais aussi à la dessiccation partielle du poisson. Ce dernier mode de conservation s'applique en particulier au hareng, saumon.

Enfin, de même que pour la viande, l'application du *froid* est utilisée pour la conservation du poisson frais.

L'ordre que nous avons suivi pour décrire dans ce chapitre les modes de conservation du poisson est le même que celui que nous avons adopté pour la viande, c'est-à-dire simplement le classement par pays. Nous parlons en premier lieu des pêcheries françaises et nous décrivons là les deux grandes industries de la pêche de la morue et de la sardine. Nous insistons tout particulièrement sur la première, à cause de l'intérêt que lui donnent en ce moment les discussions et les contestations qui se sont élevées à son sujet entre l'Angleterre et notre pays. Nous décrivons ensuite les pêcheries norvégiennes, qui, en raison de leur importance et de la manière dont elles étaient représentées à l'Exposition, méritaient une étude spéciale. Enfin nous indiquons les différents produits qui, dans les autres pays, ont appelé l'attention du jury.

LES PÊCHERIES FRANÇAISES.

INDUSTRIE DE LA PÊCHE ET DE LA CONSERVATION DE LA MORUE ET DU HOMARD.

La pêche de la morue est une des plus importantes, elle se pratique à Terre-Neuve, en Islande et au Dogger's Bank.

Dans ces dernières années, on a fait à plusieurs reprises des essais de pêche de la morue au banc d'Arguin, situé sur la côte africaine, entre le cap Blanc et le nord de nos possessions sénégalaises. Ces tentatives étaient suivies en France avec d'autant plus d'intérêt que la pêche devenait plus difficile à Terre-Neuve. Malheureusement aucun résultat pratique n'est venu encore récompenser ces efforts.

Le tableau suivant, établi d'après les chiffres de la statistique officielle de la marine, indique les quantités de morue capturées dans ces lieux de pêche par les marins des différents ports français dans les deux années 1886 et 1887 :

1° QUANTITÉS DE MORUES PÊCHÉES EN 1886.

DÉSIGNATION.	TERRE-NEUVE.		ISLANDE.		DOGGER'S BANK.
	BANQUISES.	CÔTES Est et Ouest.	CÔTE EST.	CÔTE OUEST.	
	kilogr.	kilogr.	kilogr.	kilogr.	kilogr.
1er ARRONDISSEMENT MARITIME.					
Dunkerque	//	//	2,657,509	1,500,205	106,000
Gravelines	//	//	333,450	//	58,590
Boulogne-sur-Mer	53,460	//	88,260	91.980	1,988,700
Dieppe	467,363	//	//	//.	8,700
Saint-Valery-en-Caux	812,476	//	//	127,582	//
Fécamp	10,656,069	//	//	//	//
2e ARRONDISSEMENT MARITIME.					
Granville	7,161,812	//	//	//	//
Cancale	823,522	//	//	//	//
Saint-Malo	11,810,664	1,248,446	//	//	//
Saint-Brieuc	359,047	43,500	347,910		//
Binic	//	178,500	167,300	832,200	//
Paimpol	//	//	2,148,450	716,150	//
Tréguier	103,000	//	98,200	358,090	//
TOTAUX	33,717,859		9,467,196		2,161,990

2° QUANTITÉS DE MORUES PÊCHÉES EN 1887.

DÉSIGNATION.	TERRE-NEUVE.		ISLANDE.		DOGGER'S BANK.
	BANQUISES.	CÔTES Est et Ouest.	CÔTE EST.	CÔTE OUEST.	
	kilogr.	kilogr.	kilogr.	kilogr.	kilogr.
1er ARRONDISSEMENT MARITIME.					
Dunkerque	//	//	4,596,843	1,532,281	46,109
Gravelines	//	//	460,138	//	88,554
Boulogne-sur-Mer	//	//	//	97,720	1,886,600
Dieppe	299,888	//	//	//	//
Saint-Valéry-en-Caux	760,185	//	//	88,960	//
Fécamp	10,800,448	//	//	//	15,384
A reporter	11,860,521	//	5,056,981	1,718,961	2,036,647

DÉSIGNATION.	TERRE-NEUVE.		ISLANDE.		DOGGER'S BANK.
	BANQUISES.	CÔTES Est et Ouest.	CÔTE EST.	CÔTE OUEST.	
	kilogr.	kilogr.	kilogr.	kilogr.	kilogr.
Report	11,860,521	//	5,056,981	1,718,961	2,036,647
2e ARRONDISSEMENT MARITIME.					
Granville	6,016,130	//	//	//	//
Cancale	517,000	//	//	//	//
Saint-Malo	6,708,586	839,000	//	//	//
Saint-Brieuc	399,197	6,900	257,288		//
Binic	69,410	62,500	130,295	678,884	//
Paimpol	//	//	1,579,210	631,290	//
Tréguier	130,000	//	44,000	100,000	//
TOTAUX	26,609,244		10,596,909		2,036,647

Comme on le voit, sur les cinq arrondissements maritimes de la France les deux premiers seulement, c'est-à-dire ceux qui comprennent les côtes nord et nord-ouest, se livrent à la pêche de la morue.

Terre-Neuve est le centre principal où nos marins se livrent à la pêche; le produit de ses pêcheries forme presque les trois quarts du produit total, à peu près exactement 74 p. 100. L'Islande vient en seconde ligne et on y pêche 21 p. 100 de la production totale; enfin le Dogger's Bank est de beaucoup le lieu de pêche le moins important : il ne fournit que 5 p. 100.

Le premier arrondissement fait seul la pêche au Dogger's Bank et Boulogne-sur-Mer est pour cette région le seul port d'armement important. La pêche en Islande est pratiquée principalement par Dunkerque et par Paimpol. Enfin presque tous les ports qui s'occupent de la pêche à la morue arment pour Terre-Neuve. Saint-Malo, Granville et Fécamp sont les centres les plus importants pour cette région.

Pour donner quelques indications sur les modes de pêche et les procédés de conservation de la morue, nous suivrons l'ordre logique par région. Nous croyons devoir tout particulièrement insister sur la première région : les pêcheries de Terre-Neuve, parce qu'elles ont récemment donné lieu à d'assez graves incidents et qu'une nouvelle et importante industrie y a pris naissance, il y a quelques années. Nous voulons parler de la pêche des homards et de la création des homarderies. Nous avons pensé qu'il était préférable de placer côte à côte l'industrie de la morue et celle du homard, qui s'exercent simultanément et sont intimement liées l'une à l'autre.

LES PÊCHERIES DE TERRE-NEUVE.

L'île de Terre-Neuve, désignée par les Anglais sous le nom de *New Found Land*, est située à l'Est du golfe Saint-Laurent, en face du Canada. Les Bretons et les Normands venaient dès 1504 pêcher dans les eaux de Terre-Neuve; ils s'établirent principalement sur la côte méridionale et fondèrent en 1604 les premiers établissements sédentaires de pêche du côté de la baie de Plaisance. Les noms français qui sont restés à ces côtes (Belle-Ile, cap Frehel, etc.) attestent bien cette ancienne occupation. Les Anglais s'établirent principalement sur la côte orientale, autour de Saint-Jean. Terre-Neuve était donc partie anglaise et partie française et les deux peuples avaient chacun le droit de pêche dans les eaux qu'il possédait. Le traité d'Utrecht (11 avril 1713) vint établir nettement les droits de chacune des deux nations et dans l'article 13 la France reconnaissait à l'Angleterre l'entière propriété de la grande île de Terre-Neuve avec les îles adjacentes, mais elle conservait le droit de «pêcher et de sécher le poisson» depuis le cap de Raye à l'Ouest jusqu'au cap de Saint-Jean à l'Est; d'établir sur la côte «les échafauds (ou chauffauds) ou cabanes nécessaires et usitées pour sécher le poisson».

Le traité de Versailles (3 septembre 1783) vint confirmer ces droits et dans une déclaration annexée à ce traité, l'Angleterre s'engageait «à ne troubler en aucune manière par la concurrence de ses nationaux la pêche des Français pendant l'exercice temporaire qui leur est accordé, à faire retirer à cet effet les établissements temporaires formés sur la côte de Terre-Neuve»; enfin «à ne pas gêner les pêcheurs français dans la coupe du bois nécessaire pour la réparation de leurs échafauds, cabanes, bâtiments de pêche». Il restait d'ailleurs toujours bien spécifié que les deux peuples se conformeraient aux usages de la pêche; que les pêcheurs français ne bâtiraient rien que leurs échafaudages «n'hivernant point et n'abordant ladite île dans d'autre temps que celui qui est propre pour pêcher et nécessaire pour sécher le poisson».

Dans l'article 13 du traité de Vienne (1815), le droit de pêche des Français sur le grand banc de Terre-Neuve, sur les côtes de l'île de Terre-Neuve, sur les îles adjacentes et dans le golfe de Saint-Laurent, fut de nouveau formellement reconnu.

La partie française des pêcheries de Terre-Neuve porte le nom de *French Shore* (rivage français). Il s'y trouve environ 70 havres ou baies dont 21 sont situés sur la côte ouest et 49 sur la côte est. L'ensemble comprend 208 places de pêche et 14 places de saumonerie.

La zone de terrain livrée aux Français a environ 1 kilomètre de profondeur. C'est sur cette bande de terre que les pêcheurs ont le droit de prendre les bois nécessaires à la construction de leurs établissements. La pêche du saumon peut également se faire dans les ruisseaux jusqu'à 1 kilomètre des côtes.

La discipline est faite par des bâtiments de guerre de la division navale française et des croiseurs anglais; ils surveillent concurremment l'exécution des règlements.

La pêche de la morue à Terre-Neuve s'effectue dans divers parages et par différents procédés.

On peut les classer de la manière suivante :

1° La pêche à la côte de l'est;

2° La pêche au golfe Saint-Laurent (ou côte de l'ouest);

3° La pêche sur le Grand banc et sur le banquereau;
4° La pêche locale sur les bancs environnant les îles Saint-Pierre et Miquelon.

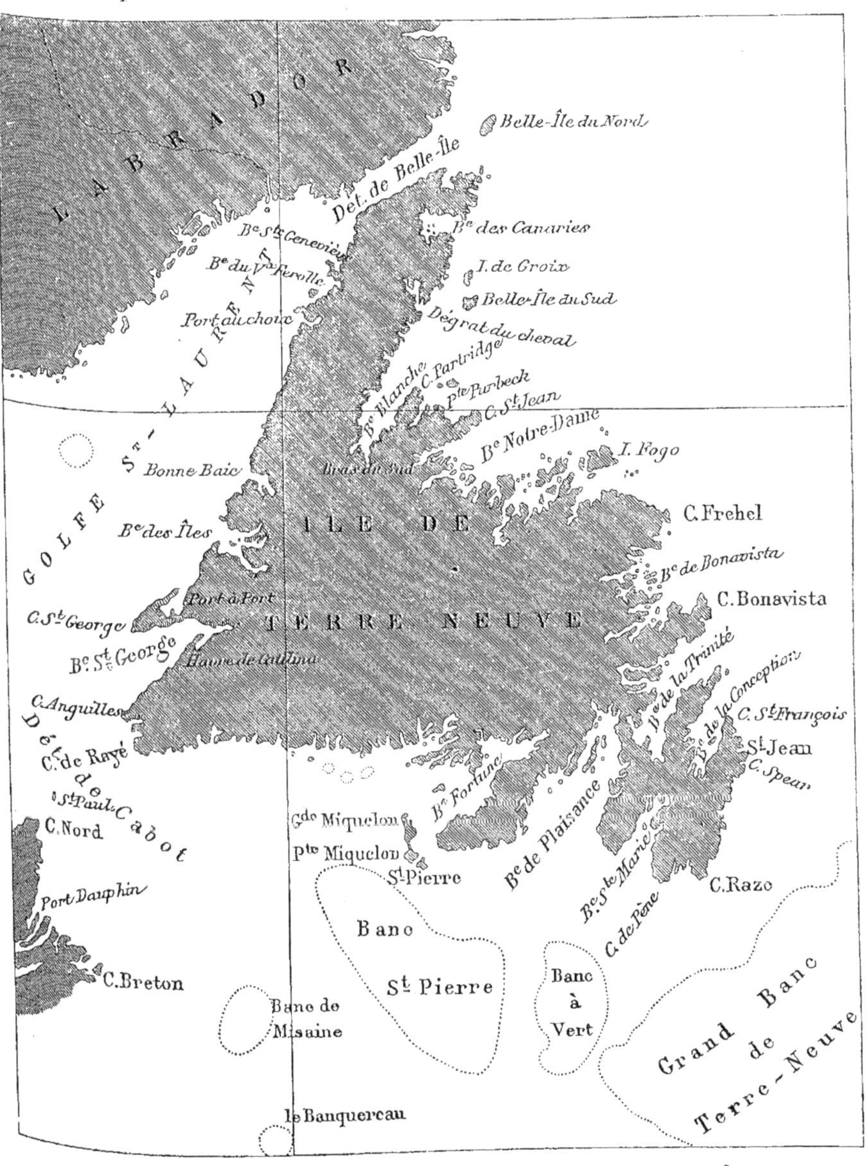

Voici de quelle façon se font les armements :

Ceux-ci sont de deux sortes : les armements pour la côte avec sécherie à terre et les armements pour le banc avec ou sans sécheries. Ces derniers n'ont jamais été l'objet d'une réglementation spéciale, mais il n'en a pas été de même pour les premiers, des discussions s'étant élevées entre pêcheurs anglais et français. Voici en quelques mots comment on procède :

Tous les cinq ans, au 5 janvier, les armateurs intéressés se réunissent à Saint-Servan, et là, sous la présidence du chef de service de la marine, ils procèdent au tirage des places de pêche des côtes est et ouest de Terre-Neuve.

Les époques de départ sont réglées de la manière suivante : les navires ne peuvent partir avant le mois de mars pour la côte ouest et le banc et avant le 20 avril pour la côte est. La période extrême de départ est fixée au 1er juillet.

Les bâtiments français pratiquent la pêche de plusieurs manières : pêche sédentaire dans une baie réservée pour ceux qui y ont obtenu des places, pêche nomade dans le golfe, pêche dans les baies communes, pêche sur le banc avec places de sécherie à la côte.

«Dans chaque place, dit M. Le Beau, on trouve d'abord des *graves* ou grèves caillouteuses pour étendre la morue; puis se rencontrent des chauffauds, des cabanes, des magasins, toutes constructions temporaires, *temporary buildings*, selon l'expression anglaise. Un certain nombre d'hommes de l'équipage restent à terre pour trancher la morue, enlever les viscères, pour saler et sécher; les autres vont à la pêche dans de légères embarcations de construction américaine, sorte de pirogues à fond plat, appelées *doris*, que l'on achète à Saint-Pierre et à Miquelon, et qui valent en moyenne 130 francs l'une. On a essayé en France de faire des doris avec le même bois, de même épaisseur, de forme rigoureusement semblable : ces constructions n'ont pu lutter avec les doris américaines. Deux hommes montent une doris.»

Les engins de pêche sont de trois sortes :

En premier lieu la ligne à main, le plus simple; cette ligne est employée souvent par les pêcheurs américains; on amorce avec des coques ou de l'encornet;

Les *harouelles* ou lignes de fond garnies d'une centaine de hameçons, qu'on tend le soir pour les lever le lendemain.

Enfin les grandes sennes pour les navires de fort tonnage.

Ces différents engins de pêche sont appâtés, suivant les saisons, avec des harengs, des capelans, des encornets, etc. On nomme, d'une manière générale, la *boët* ou la *boëtte* ces divers appâts.

Nous dirons quelques mots sur les modes de pêche plus spécialement employés dans chacune de ces régions :

Pêche sur la côte de l'Est. — Les navires qui vont dans cette région partent de France vers le mois de mai. Arrivés sur les lieux de pêche, ils construisent ou réparent l'échafaud et transportent à terre le sel qu'ils ont apporté pour faire la salaison. La pêche se fait au moyen de grandes sennes. On porte le poisson dans l'échafaud, on le tranche; la tête est décollée. On le sale et on l'empile. Cette morue est séchée au soleil et expédiée en France, principalement à Marseille.

Pêche au golfe (côte de l'Ouest). — Les navires qui se livrent à cette pêche ont aussi des havres désignés au tirage des places à Saint-Servan; cependant plusieurs goélettes de Saint-Pierre et de Miquelon parcourent les havres inoccupés. La pêche se fait à la ligne à main dans des waris. On tend aussi des lignes de fond.

La morue y est séchée comme à la côte de l'Est et expédiée soit en France en vrac, soit à Saint-Pierre où elle est mise en fûts, puis expédiée aux Antilles ou à La Réunion. Les navires partent vers le 20 mars pour le golfe.

Pêche sur le Grand Banc et le Banquereau. — Cette pêche est la plus importante, tant par le nombre des navires qui s'y consacrent que par celui des marins. Aussi est-ce surtout à son sujet que ceux-ci sont en butte aux tracasseries des pêcheurs anglais et des négociants de Saint-Jean de Terre-Neuve.

Les navires pêcheurs partent de France le 1er mars avec un équipage d'environ 20 à 25 hommes, plus de nombreux passagers pêcheurs envoyés pour former les équipages des goélettes armées dans la colonie et des graviers employés à la sécherie de la morue. Ils portent une partie du sel dont ils ont besoin pour se livrer à la pêche qu'ils effectuent en deux ou trois époques. Ils se rendent d'abord à Saint-Pierre et Miquelon pour l'approvisionnement de l'appât (boëtte) nécessaire. Cet appât qui se trouve principalement sur la côte anglaise de l'île de Terre-Neuve nous était apporté par les résidents anglais eux-mêmes auxquels nous le payions assez cher. Pour la première pêche, il consiste en hareng apporté frais et salé par nos pêcheurs. Nous avons bien sur notre côte la baie Saint-Georges où l'on peut pêcher cet appât, mais très souvent les glaces empêchent d'aborder et le hareng n'y arrive que tardivement faisant perdre un temps précieux à nos pêcheurs. Il faut considérer qu'outre les navires pêcheurs partant de France il y a environ 200 à 300 goélettes hivernant à Saint-Pierre et qui sont armées au printemps pour la pêche sur les bancs.

L'appât pour les deuxièmes pêches consiste en *capelan*, petit poisson abondant sur la côte anglaise et que l'on pêche fort peu aux îles Saint-Pierre et Miquelon.

Les pêcheurs sont boëttés pour les dernières pêches avec de l'encornet ou du hareng que les Anglais apportaient autrefois en grande partie.

C'est ce boëttage qui a été une des causes principales de discussion entre les pêcheurs français, les Anglais et les Terre-Neuviens.

Les navires étant boëttés se rendent sur le Grand-Banc distant de 60 lieues environ de Saint-Pierre et Miquelon, dans la partie la plus rapprochée; ils y mouillent et ils pêchent dans les doris montées chacune par deux hommes. Les doris s'éloignent peu du navire. Les engins de pêche consistent en longues lignes sur lesquelles sont attachées de nasse en nasse d'autres petites lignes appelées *avançons* et au bout desquelles se trouvent les hameçons qu'on amorçe. La morue est quelquefois assez abondante pour charger les doris plusieurs fois par jour.

Les bancs de Terre-Neuve sont des bas-fonds sur lesquels il existe toujours une profondeur d'eau d'environ 50 mètres.

Les navires pêcheurs sur le Grand-Banc ramènent une partie de leur poisson à Saint-Pierre et Miquelon où il est séché, emboucauté et porté sur les lieux d'exportation : les Antilles, Bourbon, les États-Unis, l'Espagne, le Portugal et l'Italie, par Marseille. Ces exportations ont aussi lieu de Bordeaux où les navires venant des lieux de pêche, ont apporté et vendu leur poisson dit *au vert,* lequel a ensuite été séché, trié et expédié à l'étranger ou livré à la consommation en France. La morue, bien séchée et emmagasinée d'une manière convenable se conserve environ un an.

Pêche locale. — A cette pêche sont employés de petits bateaux appelés *pirogues* et *waris,* appartenant en général à des pêcheurs de l'île qui se livrent eux-mêmes à cette industrie dans les environs et rentrent chaque jour. Le poisson est tranché et salé à terre. Les pêcheurs se servent de lignes à main. La même pêche se fait de Miquelon. Les morues de pêche locale, séchées ou au vert sont livrées par les pêcheurs aux fournisseurs et aux maisons qui font les expéditions de morues.

Le Gouvernement encourage la pêche de la morue en donnant des primes d'armement (30 et 50 francs) et des primes aux produits de pêche (12 à 20 francs par 100 kilogrammes de morues sèches). Il avait été question de supprimer ces primes, qui grèvent annuellement l'État de 2 ou 3 millions, mais on a reçonnu que cette suppression pourrait avoir de fâcheuses conséquences pour notre marine militaire, qui recrute d'excellents marins dans les pêcheurs terre-neuviens. On accorde trois sortes de primes : des primes d'armement, des primes d'importation et des primes d'exportation.

Cependant la pêche de la morue à Terre-Neuve, autrefois prospère, s'amoindrit de plus en plus. Au commencement du siècle, on comptait près de 200 bâtiments et 50 à 60 armateurs. Aujourd'hui les armateurs sont réduits à 8 et les bâtiments à 17.

Les causes de cette décadence sont nombreuses.

En premier lieu, on doit en partie l'attribuer à l'extension de plus en plus grande que prennent les pêcheries sur le grand banc et les banquereaux; la morue s'y trouve arrêtée et remonte ensuite difficilement le long des côtes. Depuis quelques années, la descente de banquises de glace à une époque plus tardive est encore une cause de la migration des morues.

Mais c'est surtout aux procédés de pêche employés par les Anglais, à l'accroissement de la population et aux difficultés que nous a suscitées le parlement de Terre-Neuve, que l'on doit attribuer la crise. Les pêcheurs anglais se servent notamment de *trappes* ou filets fixes dont l'usage est interdit aux pêcheurs français. Ils rejettent aussi dans les baies les détritus de leur pêche, ce qui éloigne les poissons.

L'accroissement de la population terre-neuvienne a eu aussi une grande importance. A l'origine elle était très peu importante, puis elle s'est rapidement augmentée. Les pêcheurs français en sont arrivés peu à peu à confier à ces habitants le soin de garder pendant l'hiver leurs établissements, leurs engins de pêche. Actuellement il y a plus de 40,000 habitants sur le French Shore; ils sont les maîtres du territoire et veulent, au mépris des traités, expulser les pêcheurs français.

Le parlement de Saint-Jean de Terre-Neuve a pris en main les intérêts des Terre-Neuviens et s'est nettement déclaré hostile à la France. C'est ainsi qu'une convention préparée par le gouvernement anglais pour sauvegarder et servir les intérêts particuliers de chaque nation a été repoussée par le parlement de Saint-Jean.

Mais l'acte le plus nettement hostile a été le vote de la loi connue sous le nom de *boëtte bill* (1885).

Le parlement de Terre-Neuve, sous prétexte de conserver la boëtte pour les pêcheries de la colonie, en défendit l'exportation sans l'autorisation du gouvernement. C'était le meilleur moyen d'entraver notre pêche sur le grand banc. En effet, les bateaux français et américains, avant de se rendre à la pêche, venaient acheter leur boet aux Anglais dans la baie de Saint-Georges.

Le Gouvernement français protesta énergiquement; le Parlement anglais hésita deux ans avant de ratifier le boëtte bill (27 février 1887).

Le boëtte bill étant applicable pour 1888, la division navale française fut chargée de visiter la côte, de s'assurer des endroits où se tenait le hareng et où les pêcheurs français pourraient venir prendre eux-mêmes leur boëtte.

M. le capitaine de vaisseau Humann et M. le lieutenant de vaisseau Carpentier explorèrent la côte et reconnurent que, dans le havre de Saint-Georges et la baie des Îles, la pêche de la boëtte pouvait être des plus fructueuses vers le 15 avril.

L'industrie de la pêche de la boëtte, qui n'existait pas pour nous, fut créée par M. Thubé, qui fonda, sous l'inspiration du Ministère de la marine, la *Société française des pêcheries de Terre-Neuve*. Nous en parlerons plus loin au sujet de la pêche du homard.

Pour nous résumer ici au sujet de la pêche de la morue à Terre-Neuve, nous ferons remarquer que cette industrie présente un grand intérêt au double point de vue économique et militaire. Il ne faut pas oublier, en effet, que d'une part, les produits de cette pêche représentent annuellement une valeur de 15 à 16 millions de francs, et que, d'autre part, elle fournit à l'inscription maritime un contingent important de marins aguerris par l'exercice de leur rude métier. Ces considérations, et surtout la dernière, justifient pleinement le maintien des primes accordés aux armateurs. Elles nous font également souhaiter de voir l'accord se faire définitivement entre la France, l'Angleterre et Terre-Neuve.

LES PÊCHERIES DE HOMARD À TERRE-NEUVE.

Les pêcheries françaises de homards à Terre-Neuve datent seulement de 1885. Avant cette époque, les Anglais avaient installé dans le French shore même des fabriques de conserves de homard qui donnaient d'excellents résultats. En 1885, M. le capitaine de vaisseau Le Clerc signala à nos armateurs ces progrès de la pêcherie anglaise qui se faisaient en quelque sorte à nos dépens. Le homard est d'une fécondité prodigieuse; il pullule dans certaines baies de Terre-Neuve, et à Port-Swender on en a pêché plus de 800,000 en deux mois.

M. Thoulet (*Revue scientifique,* 12 mars 1887), qui avait suivi les opérations de pêche en 1885, dit, en parlant de Port-Swender : «Un Anglais y exploite une homarderie. On y prépare des conserves avec des homards dont la quantité est prodigieuse dans ces parages. Pendant le mois de juillet, sur un espace long de 2 ou 3 kilomètres, on en pêche 12,000 par jour; pendant le mois d'août, alors que la chair est moins savoureuse, on se borne à 6,000; enfin en septembre on remonte à 8,000. On les prend de la façon la plus simple. On jette à l'eau un casier demi-cylindrique en lattes à claire-voie avec une ouverture latérale au centre de laquelle on suspend une tête de morue. Les homards une fois entrés ne peuvent plus sortir. Lorsque le pêcheur, seul dans son canot, a déposé son dernier casier, il va relever le premier, qu'il remonte rempli par une douzaine de homards. Il les recueille, amorce de nouveau, remet le casier à l'eau et continue ainsi sa tournée sans interruption. Les homards sont rapportés, jetés en tas sur l'appontement, amenés à l'usine composée de quelques cabanes en planches. On verse les animaux dans trois vastes chaudières remplies d'eau bouillante; on remue avec un filet au bout d'un long manche en bois. Dès qu'ils sont cuits, on les égoutte, on les range sur des dalles autour de la pièce; aussitôt refroidis, un homme les dépèce avec un couperet. Les carapaces vont former une frange rouge sur le bord de la mer; la chair est portée à des ouvrières qui en remplissent des boîtes en fer-blanc et les pèsent. On soude le couvercle en y laissant un trou, on les dépose sur des plaques percées entourées d'eau bouillante; après un instant de cuisson, on ferme le trou par une goutte de soudure, et la conserve est terminée.»

Un des premiers essais de pêche industrielle du homard à Terre-Neuve fut fait par un armateur de Saint-Servan, M. Lemoine.

Voici les renseignements que donne M. Le Beau au sujet de cette première tentative :

«M. Lemoine résolut d'armer un navire, *le Puget,* qui joindrait à la pêche de la morue l'industrie accessoire de la pêche du homard et de la fabrication des conserves. On ne doit en effet considérer la pêche du homard et celle du saumon que comme annexes de la pêche de la morue. M. Lemoine ne put s'entendre, comme il l'espérait, avec des fabricants de conserves de Nantes. Il agit seul alors, procédant avec le plus grand secret, afin de ne pas nuire aux négociations alors pendantes entre le Gouvernement anglais et le parlement de Terre-Neuve. Il installa son usine à l'île Saint-Jean, mais il construisit une cheminée en briques. Les Anglais protestèrent aussitôt contre une installation n'ayant pas un caractère temporaire. Après un arrêt, la fabrication put reprendre sans donner lieu à des contestations. Le commandant de l'aviso français ayant exigé que satisfaction fût donnée aux réclamations des Anglais, M. Lemoine demanda une indemnité au Gouvernement français, qui refusa, et la question fut portée à la tribune du Sénat par M. le vice-amiral Véron. »

Le Ministre des affaires étrangères déclara à ce sujet que «le droit de pêche des Français s'étendait bien non seulement à la morue, mais à toute espèce de poisson, y compris les crustacés».

Pendant la campagne de 1887, trois armateurs installèrent des homarderies à Terre-Neuve : M. Lemoine, qui arma deux navires pour la pêche du homard; M. Lemoine, son frère, qui s'installa à l'île des Sauvages, et M. Guibert, qui plaça ses établissements au Port-au-Choix et à l'anse de Barbacé. Ce dernier monta non seulement une homarderie, mais aussi une saumonnerie.

Ces trois armateurs fabriquèrent pendant la campagne plusieurs centaines de mille de boîtes de conserve.

«Les armements, dit M. Le Beau, étaient des plus simples; des équipages un peu nombreux, divisés en escouades; celles-ci occupées, partie à pêcher le homard avec des casiers fabriqués par les hommes eux-mêmes pendant la traversée d'aller, ou après l'arrivée sur les lieux de pêche, partie à capturer les morues, dont les têtes servaient d'appât, dont les corps salés et séchés devenaient matière marchande en déduction des frais faits. Quelques hommes pour la réparation des casiers et la cuisson, quelques ferblantiers pour la soudure des boîtes. Deux hommes montaient chaque chaloupe; ils pouvaient facilement placer, surveiller, relever et reboetter 200 casiers par jour; 10 chaloupes ou doris étaient en pêche pour chaque bâtiment; chacune d'elles a rapporté en moyenne 350 homards par jour.»

M. le commandant Humann rendit les plus grands services à la nouvelle entreprise française. Il signala (Rapport au Ministre du 4 septembre 1887) les points où, suivant lui, il serait fructueux de se livrer à la pêche du homard. La baie Blanche est, d'après cet officier, l'une des plus favorables sur une longueur de 30 milles environ, depuis le cap Partridge jusqu'à la pointe Purbeck.

Il existe à Terre-Neuve un grand nombre de homarderies anglaises : dans le French Shore, dans le havre de Catalina, au sud du cap Bonavista, dans les îles de Fogo, de Toulingues, du Prince. Cette dernière comptait en 1888 97 homarderies.

SOCIÉTÉ FRANÇAISE DES PÊCHERIES DE TERRE-NEUVE.

Cette société, à la tête de laquelle se trouve placé M. Thubé-Lourmand, a été créée à Nantes en 1887 sous l'inspiration du Ministère de la marine.

Elle a pour but de pêcher dans les havres de Terre-Neuve qui lui ont été concédés par le Gouvernement français la morue, le capelan, le hareng, le homard et le saumon. Les points qui lui ont été concédés sont :

Sur la côte Est, la baie des Canaries et la baie Blanche;

Sur la côte Ouest, la baie de Vieux-Férolle et la baie de Sainte-Geneviève.

Voici de quelle manière fonctionne la société :

Des établissements temporaires (*temporary buildings*) en planches, pouvant facilement se démonter, ont été emportés de France; ils doivent servir d'abri aux hommes, aux produits de pêche et aux vivres. Ils ont été dressés : 1° au Gouffre (baie des Canaries); 2° au Dégrat du Cheval; 3° au Bras du Sud (baie Blanche); 4° à Brig-Bay (Vieux-Férolle). «Ce sont, dit M. Thubé, des sortes d'usines mobiles présentant l'aspect uniforme que nous impose la jurisprudence anglaise, qui n'admet pas que la pierre entre dans ces constructions. Les chaudières autoclaves qui servent à la fabrication des conserves se transportent facilement.»

On a établi des quais verticaux, sortes de jetées qui s'avancent perpendiculairement dans la mer et qui permettent aux bateaux d'accoster à toute heure de la marée.

Les navires mettent à la voile en avril et emportent des vivres et des provisions pour huit mois, le ravitaillement étant presque impossible. Les navires emportent aussi les boîtes de fer-blanc et les caisses.

Les équipages se composaient en 1888 de 86 hommes ainsi répartis :

Capitaines	3
Chef de fabrication pour les homards et saumons	1
Soudeurs	4
Maître de senne pour la morue	1
Pêcheurs de morue	17
Pêcheurs de homards et saumons	20
Préparateurs de homards	15
Sécheurs de morues	25
TOTAL	86

Ces équipages avaient à leur disposition : 1 chaloupe à vapeur, 1 goélette à voiles (40 tonneaux), 22 embarcations à voiles et 7 doris.

La chaloupe à vapeur est destinée à apporter les vivres aux pêcheurs de homards occupant diverses places sur un espace de 30 milles marins et à rapporter les homards pêchés pendant la nuit.

La goélette fait le service postal et les embarcations et doris servent à faire la pêche.

Le matériel de pêche comprend 2,000 casiers à homards et quelques sennes et rets pour la pêche de la morue, du hareng, des capelans et du saumon.

Le matériel de fabrication se compose de quatre grandes chaudières et autoclaves pour le homard et d'une chaudière et autoclaves pour le saumon.

La société peut fabriquer jusqu'à 300,000 boîtes de homards ou saumons et préparer 400,000 morues. La capture du hareng a surtout pour but de fournir les appâts nécessaires pour alimenter les casiers de homards.

Les pêcheries françaises de homard sont de création trop récente pour avoir pris leur place et leur importance définitives. Cependant les chiffres suivants, qui indiquent les quantités de conserves de homards expédiées de Terre-Neuve en France, donnent une idée de la rapidité de leur développement :

Conserves exportées	en 1885	144,000 kilogr.
	en 1886	186,000
	en 1887	555,000

Les produits exposés par la société sont en parfait état de conservation.

PÊCHE EN ISLANDE.

Cette pêche est surtout pratiquée par les marins de Dunkerque et de Paimpol. Dunkerque arme chaque année environ 90 navires pour la pêche de la morue en Islande. Depuis plusieurs années, cette quantité est restée à peu près stationnaire, paraissant plutôt diminuer qu'augmenter. En 1832 et 1833, on avait armé jusqu'à 130 et 140 navires. La plupart de ceux-ci sont gréés en goélettes, d'une coupe élégante et d'une bonne marche. Leur portée excède rarement 220 tonneaux et ils sont montés par 18 hommes.

La date du départ est à la volonté de l'armateur. A plusieurs reprises cette date avait été fixée par l'État. C'est ainsi qu'après le désastre de 1839, année pendant laquelle 17 navires se perdirent corps et biens, le Gouvernement, s'étant ému, fixa officiellement le départ au 1er avril. Cet état de choses dura jusqu'en 1848, époque à laquelle le départ redevint libre. Fixé de nouveau au 1er avril en 1850, il le fut au 20 mars en 1863 et redevint définitivement libre l'année suivante.

Depuis lors on a fait plusieurs tentatives pour le rétablir à une date fixe, mais l'accord n'a jamais pu se faire entre les intéressés et l'État a abandonné la question. Cependant plusieurs armateurs pensent qu'il serait désirable, au point de vue humanitaire et au point de vue industriel, que la date fût fixée et portée à une époque raisonnable. On hâte toujours le départ, qui a lieu dans la mauvaise saison; les nuits sont longues, les tempêtes fréquentes, et il y a toujours des sinistres à regretter. Le poisson que l'on pêche au commencement de la saison ne s'est pas vidé, ce qui fait perdre la rogue et diminue la qualité du poisson. Il est également impossible de le bien préparer en raison de la répétition des mauvais temps.

On embarque sur chaque navire 800 à 900 barils de 130 litres contenant le sel, le charbon et les vivres, c'est-à-dire environ 70,000 kilogrammes de sel, 10,000 kilogrammes de charbon, 5,000 litres de petite bière, 2,500 kilogrammes de biscuit, 2,000 kilogrammes de pommes de terre, plus des légumes secs, du lard, du vin, de l'eau-de-vie, etc. Il faut ajouter à cela du sable comme lest, les agrès de pêche, les voiles de rechange, le filin, etc. En somme le navire a les trois quarts de sa charge. Au retour, la morue remplace les vivres et une partie du sel des tonnes, et il arrive trop fréquemment que le navire est moins chargé à l'arrivée qu'au départ.

Pendant la traversée d'aller, on installe le gréement de pêche; chaque homme est muni d'une ligne.

La pêche se fait en deux parties. La première se pratique au début près de la terre et à une profondeur de 80 à 100 mètres. L'amorce employée dès le commencement est fournie par le gras du lard coupé en sifflet, puis l'on prend la peau du phléton que l'on pêche en grande quantité. La seconde partie de la pêche suit celle-là; elle se pratique plus au large, à une profondeur qui atteint jusqu'à 250 mètres. Quand la morue donne bien, on arrive à en prendre jusqu'à 3,000 dans l'espace de dix heures.

Préparation. — Les Dunkerquois et les Paimpolais font la pêche de la même façon, mais leur manière de la préparer diffère complètement. Ces derniers procèdent comme à Terre-Neuve et salent simplement en vrac dans la cale. Les Dunkerquois, au contraire, emploient un mode de préparation compliqué et s'encombrent rapidement quand le poisson donne pendant quelques jours de suite. Après avoir coupé la tête, on tranche la morue à droite (en laissant l'arête coupée du côté droit); sitôt tranchée, la morue est lavée, le sang est pressé hors de l'arête, puis elle est salée dans les tonnes amarrées debout sur le pont et recouvertes de fourrure de toile. Le lendemain le tonnelier pose les fonds et on laisse la morue macérer dans la saumure pendant quatre ou cinq jours, puis on la retire des tonnes, on lave à nouveau et on sale définitivement avec de très beau sel. La tonne repose deux à trois jours, puis on la passe sous la presse afin d'y mettre le fond: elle est ensuite étanchée, soufflée et mise en cale.

Suivant M. Dinois, à Dunkerque, pour obtenir de belles morues très blanches de conserve, il faut apporter de grands soins à la préparation à la mer. Il faut, aussitôt leur sortie de l'eau, qu'elles soient parfaitement soignées, bien lavées, bien nettoyées et qu'elles reçoivent leurs deux sels avant leur mise en tonnes.

Le travail à terre nécessite plus de soins encore. Aussitôt la morue déchargée, elle est relavée avec beaucoup de soin et repaquée en barils. Cette opération du repaquage est la plus délicate et si elle est faite dans de mauvaises conditions, elle peut compromettre le travail.

Le retour des navires s'effectue ordinairement en août et septembre; la campagne de pêche dure donc six mois.

Le prix d'un navire neuf est de 60,000 francs environ et l'armement revient à 20,000 francs.

La rétribution des marins est fixée au *last*, 12 tonnes de morues repaquées. Le prix du last varie et se discute entre le capitaine et les matelots lors de l'engagement. En général, le capitaine a 50 francs du last, le second 25 francs, les matelots 15 francs à 16 francs, les deux saleurs et le tonnelier 17 francs à 18 francs. En plus chaque marin reçoit une gratification de 150 francs et l'État leur accorde une prime de 50 francs. Les règlements de la navigation autorisent l'embarquement d'un quart de l'équipage de marins étrangers, il n'est pas rare de voir jusqu'à quatre Belges à bord de chaque navire, mais ceux-ci ne touchent pas la prime allouée par l'État. Avant le départ, chaque navire paye 10 ou 12 lasts davance au bureau de l'inscription maritime.

PÊCHE AU DOGGER'S BANK.

Le *Dogger's Bank* est un vaste banc de sable situé dans la mer du Nord entre le Danemark et l'Angleterre (entre 54°10′ et 57°23′ de latitude nord et 1°21′ et 4°17′ de longitude est).

Le port de Boulogne-sur-Mer est à peu près le seul qui se livre à la pêche de la morue sur ce banc; il y pêche aussi de très grandes quantités de hareng.

La pêche de la morue au Dogger's Bank se pratique avec des bateaux de faible tonnage. Quant à la préparation du poisson elle se fait d'une manière analogue à celle qu'on emploie en Islande et ces produits s'offrent concurremment, sur les mêmes marchés.

PÊCHE ET PRÉPARATION DES HARENGS ET MAQUEREAUX.

La pêche du hareng destiné à la conservation est un peu corrélative à celle de la morue et ce sont à peu près les mêmes ports qui se livrent simultanément à ces deux pêches.

Comme on peut le voir, à l'inspection du tableau suivant, c'est le premier arrondissement maritime, c'est-à-dire la côte nord qui présente la plus grande importance au point de vue de la pêche du hareng. Celle-ci se pratique dans quatre centres principaux qui sont par ordre d'importance : le Dogger's Bank, Yarmouth, l'Écosse, les îles Orcades et Terre-Neuve. C'est Boulogne-sur-Mer, dont la pêche se fait exclusivement au Dogger's Bank qui vient en première ligne.

QUANTITÉS DE HARENGS PÊCHÉS ET SALÉS.

DÉSIGNATION.	DOGGER'S BANK.			ÉCOSSE et ÎLES ORCADES.		
	1885.	1886.	1887.	1885.	1886.	1887.
	kilogr.	kilogr.	kilogr.	kilogr.	kilogr.	kilogr.
1er ARRONDISSEMENT MARITIME.						
Dunkerque	//	//	//	//	2,625	1,170
Boulogne-sur-Mer	17,329,000	15,865,100	14,988,500	//	//	//
Dieppe	//	//	//	35,000	35,300	//
Saint-Valery-en-Caux	//	//	//	245,660	210,000	360,000
Fécamp	//	//	//	1,579,520	1,242,420	1,306,460
2e ARRONDISSEMENT MARITIME.						
Saint-Malo	//	//	//	//	//	//

	YARMOUTH.			TERRE-NEUVE.		
	1885.	1886.	1887.	1885.	1886.	1887.
	kilogr.	kilogr.	kilogr.	kilogr.	kilogr.	kilogr.
1er ARRONDISSEMENT MARITIME.						
Dunkerque	//	//	//	//	//	//
Boulogne-sur-Mer	//	//	//	//	//	//
Dieppe	133,000	135,000	//	//	//	//
Saint-Valery-en-Caux	491,300	325,500	525,500	//	//	//
Fécamp	4,479,300	6,158,020	5,494,220	//	//	//
2e ARRONDISSEMENT MARITIME.						
Saint-Malo	//	//	//	5,530	34,492	10,946

C'est M. Vanheeckoet qui a fait en 1870-1871, modifier le système de pêche anciennement en usage à Boulogne-sur-Mer. Il a fait adopter des bateaux d'un fort tonnage, munis d'un haleur à vapeur et a remplacé les gros filets de chanvre utilisés à cette époque par des filets de coton qui donnent une pêche bien plus rémunératrice.

La maison Bouclet expose des produits remarquables.

La maison Altazin-Gorée à Boulogne-sur-Mer, présente toute une série remarquable de harengs conservés : harengs blancs, harengs saurs, harengs doux, harengs bouffis.

Les armements sont faits en vue de pêcher le hareng, la morue et le maquereau; la pêche est faite par trois bateaux de 70 tonnes environ munis d'un haleur à vapeur d'une force de 5 chevaux et montés chacun par 16 hommes et 3 mousses. Le salaire de ces marins est fixe et payé mensuellement. Le matériel de chaque bateau comprend pour la pêche du hareng 200 filets en coton d'une longueur de 20 mètres (en tout 4 kilomètres) et d'une profondeur de 10 mètres; pour la pêche du maquereau : 200 filets en coton de 30 mètres de longueur (en tout 6 kilomètres) sur une profondeur de 5 mètres. De gros cordages ou *aussières* ayant la même longueur que les filets sont placés à bord.

De plus, des filets de rechange sont en double dans les magasins et servent à remplacer ceux du bord que l'on décharge après chaque voyage. Le montage et la réparation de ces filets occupent pendant toute l'année 20 femmes et 4 hommes.

La préparation des salaisons est faite par un personnel de 30 femmes et 14 hommes auxquels on doit adjoindre pendant les deux mois de la saison du hareng une quinzaine d'ouvriers.

La maison Altazin-Gorée expédie annuellement :

Harengs..	blancs	600,000 kilogr.
	saurs	300,000
Morue		20,000

Les maquereaux sont vendus en gros, à Dieppe et à Fécamp.

Vingt-quatre cheminées sont affectées à la préparation des harengs fumés et elles permettent de préparer 240,000 harengs par jour.

L'industrie des harengs fumés et des harengs saurs date de plusieurs siècles et fut exploitée en grand, d'abord par les Hollandais. Actuellement cette industrie s'est répandue dans tous les pays du nord de l'Europe.

La conservation des harengs saurs paraît tenir à deux causes : en premier lieu à la dessiccation plus ou moins complète que subit le poisson et en second lieu à l'action antiseptique de certains principes contenus dans la fumée et notamment à une trace de créosote.

La préparation des harengs fumés est restée assez rudimentaire.

M. Féré, à Boulogne-sur-Mer a exposé dans le pavillon de pisciculture un fumoir pour la préparation des viandes et des poissons qu'il a spécialement construit en vue de préparer les harengs saurs. On peut obtenir à la fois 50,000 harengs saurs non salés.

Le fumoir est horizontal; c'est une vaste salle parfaitement éclairée où l'on peut manœuvrer à l'aise pour accrocher et décrocher le poisson, surveiller le séchage et le fumage. Aux extrémités de la salle se trouvent de grandes persiennes destinées, soit à clore le fumoir, soit à en régulariser les couches horizontales, suivant les besoins.

Au-dessous de la salle aboutit un couloir qui communique avec deux foyers. L'un de ceux-ci est chauffé le premier et sert à effectuer le séchage; le second est alimenté au bois et sert à obtenir le fumage.

La maison Petit-Pellieux expose des harengs, maquereaux et thons marinés au vin blanc. Cette maison est la première qui ait fabriqué à Dieppe, en 1876, des conserves de harengs marinés au vin blanc. Actuellement, elle fabrique de 80,000 à 100,000 boîtes de harengs, maquereaux et thons préparés de cette manière.

La maison Hauck à Dieppe prépare des harengs et maquereaux marinés au vin blanc. Elle fabrique annuellement 120,000 boîtes de conserves de harengs dont

60,000 boîtes sont expédiées à Paris, 25,000 boîtes en province et 35,000 boîtes à l'étranger, et 30,000 boîtes de conserves de maquereaux.

La fabrication commence à fin octobre et se termine ordinairement à fin janvier. La production journalière est de 2,500 à 2,800 boîtes de 4 à 5 poissons chacune; le personnel est de 30 ouvriers; 22 femmes qui épluchent, lavent, emboîtent et assaisonnent le poisson, 1 cuiseur, 4 soudeurs, 3 hommes de peine.

La maison Petitjean et Desmarais présente de belles conserves de maquereaux.

INDUSTRIE DE LA PÊCHE ET DE LA CONSERVATION DE LA SARDINE.

La pêche et l'industrie des conserves de la sardine constituent une des richesses importantes de notre littoral nord-ouest et ouest. Comme on peut s'en convaincre à l'inspection du tableau suivant, on pêche des sardines à peu près sur toutes les côtes de France, sauf dans le premier arrondissement maritime où cette pêche est nulle. La Bretagne et la Vendée sont au contraire en première ligne, comme importance.

QUANTITÉS DE SARDINES (EXPRIMÉES EN NOMBRE DE POISSONS) PÊCHÉES DANS LES PORTS FRANÇAIS [1].

PREMIER ARRONDISSEMENT MARITIME.

	1885.	1886.	1887.
	Néant	Néant	Néant.

DEUXIÈME ARRONDISSEMENT MARITIME.

	1885.	1886.	1887.
Lannion	3,708,000	10,080,000	3,716,000
Roscoff	50,000	2,800,000	3,000,000
Camaret	11,622,000	14,378,000	28,438,000
Douarnenez	89,942,150	28,508,000	125,273,900
Quimper	38,714,000	18,848,000	86,359,000
Concarneau	34,490,000	30,083,000	105,058,000
Audierne	21,127,400	6,206,200	23,299,000

TROISIÈME ARRONDISSEMENT MARITIME.

	1885.	1886.	1887.
Lorient	31,229,225	4,664,552	12,660,000
Groix	2,580,800	725,000	634,000
Auray	24,234,400	11,619,000	16,393,500
Belle-Ile	18,500,000	3,000,000	6,009,000
Le Croisic	23,765,200	20,698,000	13,095,300
Noirmoutiers	1,337,500	3,228,100	3,559,400

[1] Statistique officielle des pêches maritimes.

QUATRIÈME ARRONDISSEMENT MARITIME.

	1885.	1886.	1887.
Ile d'Yeu	6,403,000	10,912,000	6,264,000
Saint-Gilles-sur-Vie	21,000,000	24,000,000	20,819,000
Sables-d'Olonne	76,120,000	85,000,300	44,119,000
Ile d'Oléron	2,600,000	6,000,000	15,550,000
Marennes	400,000	200,000	72,000
Royan	"	5,000	6,000
La Teste de Buch	21,163,000	21,507,000	14,120,270
Saint-Jean-de-Luz	805,000	1,250,000	2,120,000

CINQUIÈME ARRONDISSEMENT MARITIME.

	1885.	1886.	1887.
Port-Vendres	14,692,280	15,442,480	16,889,680
Saint-Laurent de la Salanque	7,456,000	6,301,600	12,928,000
Narbonne	1,923,370	1,764,000	2,565,950
Agde	3,204,000	2,051,274	2,500,000
Cette	1,020,000	1,001,000	779,280
Martigues	700,000	853,000	1,059,060
Marseille	15,150,000	14,250,000	15,500,000
La Ciotat	2,092,554	2,349,812	3,700,008
La Seyne	1,139,095	1,048,855	1,250,325
Toulon	5,900,000	5,800,000	4,890,000
Saint-Tropez	1,346,800	2,638,800	1,149,360
Cannes	415,720	419,360	290,235
Antibes	1,755,800	1,054,720	2,950,000
Nice	620,960	701,310	1,046,040
Villefranche	951,000	891,000	927,000

CORSE.

	1885.	1886.	1887.
Bastia	189,000	181,000	202,000
Ajaccio	120,000	110,000	107,000

ALGÉRIE.

	1885.	1886.	1887.
Oran	2,447,470	3,323,670	1,090,580
Alger	19,518,559	7,414,081	7,641,160
Philippeville	37,514,892	52,499,486	47,036,972
Bône	2,290,000	2,400,000	7,860,000

Il faut joindre à ces quantités, celles qui ont été prises par les pêcheurs étrangers (Italiens) dans le cinquième arrondissement maritime et qui sont les suivantes :

	1885.	1886.	1887.
	—	—	—
Agde	631,960	835,440	20,132
Cette	4.492,000	5,090,500	191,712
La Ciotat	97,326	73,420	51,678
La Seyne	182,080	154,290	160,530

QUANTITÉS DE SARDINES PÊCHÉES EN ALGÉRIE PAR DES PÊCHEURS ESPAGNOLS ET ITALIENS.

	1885.	1886.	1887.
	—	—	—
Oran	1.631,650	6,647,200	859,360
Alger	5.191,441	2,602,519	"
Philippeville	17.692,208	35.598,966	"
Bône	12.910,000	18.980,000	"

Les quantités de sardines capturées annuellement, varient de 600 millions à 1 milliard de poissons. Dans les années très favorables, elles ont atteint 1,250,000,000 de poissons et dans les années mauvaises, elles ont été inférieures à 200 millions.

Le tableau ci-dessus donne d'ailleurs des indications assez curieuses sur la variation de la quantité de sardines. On sait qu'il y a quelques années, ce poisson a failli déserter notre côte ouest; les quantités pêchées diminuaient considérablement et on a pu craindre que cette *grève des sardines* ne devint très grave. Si l'on compare, en effet, dans le tableau, les quantités de sardines pêchées pendant trois années consécutives (1885-1886-1887), à Douarnenez, Lorient, Audierne, Quimper, Belle-Ile, on est frappé de l'énorme différence qui s'accuse ainsi. C'est qu'en effet, la pêche est très variable, très incertaine. En descendant vers le sud, on remarque au contraire, que les variations deviennent moindres et enfin que la pêche dans la Méditerranée est peu différente en 1885, 1886 et 1887.

Le tableau suivant donne la valeur et les quantités de sardines pêchées en France.

QUANTITÉS ET VALEUR DES SARDINES PÊCHÉES EN FRANCE.

DÉSIGNATION DES ARRONDISSEMENTS maritimes.	QUANTITÉ.			VALEUR.		
	1885.	1886.	1887.	1885.	1886.	1887.
	nombre.	nombre.	nombre.	francs.	francs.	francs.
1° PÊCHE EN BATEAU.						
1er	"	"	"	"	"	"
2e	199,633,550	110,903,200	375'744,025	4,870,901	2,265,418	6,649,672
3e	101,647,125	43,934,642	38,782,800	3,080,243	1,167,440	992,069
4e	128,491,000	148,874,300	103,070,270	1,824,076	2,008,350	1,582,767
5e	58,869,779	56,858,211	69,241,938	1,635,313	1,446,364	1,824,212
TOTAUX	488,641,454	380,570,353	581,839,033	11,409,533	6,446,364	11,048,720

DÉSIGNATION DES ARRONDISSEMENTS maritimes.	QUANTITÉ.			VALEUR.		
	1885.	1886.	1887.	1885.	1886.	1887.
	nombre.	nombre.	nombre.	francs.	francs.	francs.
2° PÊCHE À PIED.						
1er	"	"	"	"	"	"
2e	563,000	343,000	479,000	4,565	2,881	3,065
3e	"	"	"	"	"	"
4e	"	"	"	"	"	"
5e	"	"	212,228	"	"	6,744
Totaux	563,000	343,000	691,208	4,565	2,881	10,209
3° PÊCHEURS ÉTRANGERS.						
1er	"	"	"	"	"	"
2e	"	"	"	"	"	"
3e	"	"	"	"	"	"
4e	"	"	"	"	"	"
5e	4,873,366	6,187,150	212,844	13,173	164,340	5,799
4° ALGÉRIE.						
Pêche en bateau	61,770,921	65,237,637	63,628,712	304,050	289,806	384,571
Pêche à pied	"	"	"	"	"	"
Pêcheurs étrangers	37,435,299	63,728,785	859,360	254,944	426,549	0,493

HISTORIQUE DE LA PÊCHE ET DE LA FABRICATION.

Avant que le procédé de conservation d'Appert ait été découvert, la pêche de la sardine était restée à peu près stationnaire. Le poisson de primeur, si prisé aujourd'hui, était déclassé alors, et le fabricant attendait avec impatience qu'avec l'arrière-saison vînt le gros poisson, destiné à la presse. Ce dernier était saturé de sel, on en extrayait la majeure partie de l'huile, on le préparait puis on le mettait en vente dans la saison froide. On pouvait le conserver pendant quelques mois.

Mais quand par l'emploi du procédé Appert, la conservation devint pour ainsi dire illimitée et que la saison d'été devint la plus favorable pour la fabrication, la pêche prit vite de notables développements. Désormais solidaires l'un de l'autre, pêche et fabrication subirent des fortunes diverses.

De 1840 à 1860, chaque année vit s'élever une usine nouvelle. Mais ce fut surtout de 1860 à 1870 que l'accroissement fut remarquable. Dans cette période le nombre des usines fut doublé; le nombre des bateaux s'accrut également, bien que dans une proportion moindre. De 1870 à 1880 cet élan se ralentit. La production semble alors dépasser les besoins de la consommation et les prix de vente des produits fabriqués s'abaissent. En même temps les prix de revient s'élevaient: le poisson devenait plus cher par suite du développement inégal des instruments de pêche et des moyens de fabrication. Cette période ne fut pas toujours heureuse pour les fabricants.

De 1880 à 1886 pêcheurs et fabricants furent également et presque constamment maltraités; sur tous les points de la côte, le poisson avait presque disparu. En même temps, des masses considérables de sardines s'étaient jetées sur la côte du Portugal et donnaient lieu à une active fabrication avec des prix de revient fort avantageux.

Une sorte de panique se répandit sur le littoral, on crut que la sardine avait déserté à jamais nos côtes. Cette conviction fut si forte que plusieurs fabricants transportèrent en Portugal leur matériel devenu inutile en France.

C'est ainsi que la maison Amieux qui a plusieurs fabriques de conserves sur le littoral breton, avait établi provisoirement deux autres usines pour les sardines, situées l'une à Mahé (Indes françaises), l'autre à Cezimba (Portugal).

D'autres industriels, tels que M. Ouizille à Lorient, voyant leur production de conserves de sardines baisser du tiers dans certaines années mauvaises utilisèrent leur personnel et leur outillage à la fabrication de potages.

A cette époque bien des fabricants se sont peu inquiétés de la fraîcheur, de la qualité et même de la nature des poissons; bien des spratts et des anchois ont passé pour des sardines.

La fin de 1887 et les années 1888 et 1889 surprirent pêcheurs et fabricants par leurs résultats exceptionnellement favorables. C'était à notre tour à avoir l'abondance et au tour du Portugal à éprouver la disette.

Production générale. — Consommation française et exportation. — En 1876 (rapport de la Société commerciale de Lorient) on a exporté : 11,420,263 kilogrammes de conserves de sardines, ce qui représente une production de 48,595,000 boîtes de 1/4 (235 grammes).

Les évaluations manquent pour établir avec précision l'importance de la consommation française en sardines à l'huile. Le rapporteur pense qu'on peut la fixer approximativement à 15 p. 100 de l'exportation, ce qui donnerait pour la production française totale une quantité de 55,884,200 boîtes de 1/4, se répartissant ainsi :

Exportation	48,595,000
Consommation française	7,289,200

Pêche de la sardine. — La pêche de la sardine se pratique sur toute la côte de la Vendée et de la Bretagne, depuis les Sables d'Olonne jusqu'à Douarnenez, et même elle s'étend au-dessous des Sables jusqu'à Arcachon, au-dessus de Douarnenez jusqu'à la baie de Dinant.

Quinze à vingt mille marins appartenant à l'inscription maritime forment le personnel des pêcheurs : les bateaux suivant les localités portent de 4 à 7 hommes.

La pêche de la sardine a une durée moyenne de cinq mois et demi à six mois; mais il s'en faut de beaucoup qu'elle occupe toute cette période qui est souvent traversée par de fréquentes et quelquefois longues interruptions. Elle commence aux premières chaleurs, vers le 15 mai et se termine aux premiers froids, vers le 1er novembre. Elle est quelquefois en retard d'un ou de deux mois sur l'époque de son début habituel, d'autres fois elle finit dans les derniers jours de septembre; mais toujours, même dans les meilleures années, elle subit de fréquentes interruptions qui durent plusieurs jours et même plusieurs semaines de suite.

Cette période de pêche se partage en deux périodes :

La première dite saison d'été se poursuit de mai en août. C'est la plus importante. Tous les jours les marins pratiquent deux pêches : l'une au lever, l'autre au coucher du soleil.

La seconde saison, nommée arrière-saison, va du milieu d'août jusqu'à la clôture. Il n'y a alors qu'une seule pêche par jour et qui se fait généralement l'après-midi.

Il arrive fréquemment que pendant l'une ou l'autre de ces saisons le pêcheur trouve le poisson, mais ne peut le capturer. Cela tient à plusieurs causes : les unes facilement explicables, telles que le mauvais temps, le calme plat, les courants contraires, d'autres inconnues et qu'à défaut d'explication le pêcheur exprime en disant que «la sardine ne travaille pas».

Il attend ainsi des journées qui restent infructueuses. Quelquefois pendant une partie de la journée le pêcheur a fait une dépense inutile de travail et de rogue pour lever le poisson qui ne se décide à travailler que quelques heures après. Il est possible alors que la pêche nulle le matin devienne productive le soir. Aussi peut-on dire que la pêche de la sardine est des plus capricieuses et que par suite le produit qu'elle donne est des plus variables.

«Souvent et presque toujours aux moments de petite marée, dit M. Lechat, son rendement ne dépasse pas le quart ou la cinquième d'un rendement moyen, et pour obtenir ce maigre résultat, le pêcheur a travaillé beaucoup, inutilement usé ses filets et surtout fait une dépense de rogue d'autant plus considérable que ses recherches ont été multipliées et ont trouvé le poisson indifférent.»

Fort heureusement le pêcheur est de temps en temps indemnisé de sa peine par des journées fructueuses. En peu de temps, presque sans dépense de rogue, il emplit alors ses filets et il profite avec empressement de ces moments favorisés car il se méfie toujours de l'avenir. Il en profite d'autant plus volontiers que c'est un fait connu que généralement le poisson se repose au lendemain d'un grand jour de travail. Ce sont ces journées productives qui font vivre le pêcheur et il n'est pas rare qu'un patron de barque obtienne dans ce cas un bénéfice de 400 à 500 francs à se partager avec son équipage.

Les instruments de pêche : filets, appâts, sont l'objet d'un important commerce :

chaque bateau devant avoir un approvisionnement de 16 à 20 filets et consommant annuellement 15 à 20 barils de rogue.

La question des filets a donné lieu en ces derniers temps à de vives controverses. Sous le titre de filets perfectionnés, des sennes très habilements conçues ont été essayées. Elles avaient un mérite incontestable, celui de prendre à moins de frais beaucoup plus de sardines que le filet ordinaire, Mais elles avaient un défaut non moins incontestable, celui de causer une énorme et inutile destruction de poissons. Elles ne prenaient pas, en effet, que des sardines : souvent ce poisson n'était qu'une faible minorité et la senne ramenait une très grande quantité d'autres poissons qui en raison de leur petitesse n'étaient pas comestibles et qui ne trouvant pas acheteurs étaient jetés en pure perte sur la grève. L'emploi des sennes dont nous parlons a été recommandé par des savants, prétendant qu'on pouvait impunément détruire du poisson le long de côtes, la haute mer en ayant toujours d'innombrables réserves. Les pêcheurs, au contraire, ont attaqué cette thèse en citant comme exemple la disparition presque complète de certains poissons côtiers tels que la sole et le turbot. Ils étaient d'ailleurs adversaires acharnés d'un procédé qui pouvait avilir le prix du poisson et menaçait de chômage le plus grand nombre d'entre eux.

Parmi les fabricants un certain nombre répugnaient à l'emploi de la senne, considérant la sardine comme un poisson trop délicat pour ne pas être détérioré par cette prise agglomérée de poissons divers.

Une enquête eut lieu, à l'issue de laquelle la senne fut interdite, comme étant un engin inutilement destructeur et le filet simple fut seul autorisé.

Ce filet qui a la forme d'un quadrilatère plus long que profond (25 mètres de longueur sur 3 à 4 mètres de profondeur) n'a pas été sans recevoir lui-même d'utiles perfectionnements. Son fil est plus fin sans être moins solide et le travail mécanique substitué dans la façon au travail à la main a donné aux mailles plus de régularité. Il a l'incontestable mérite de ne pas être préjudiciable à la qualité du poisson.

L'appât seul employé jusqu'en 1886 et le plus important encore maintenant est la rogue de morue.

C'est un excellent appât qui n'a pour le pêcheur qu'un tort, celui d'être trop coûteux. Il lui a fallu, en effet, payer parfois à la fin de la saison 80 francs et même 100 francs le baril de rogue qui au début se vendait 40 francs.

Aussi de nombreux essais ont-ils été faits pour remplacer au moins partiellement la rogue, en diminuer l'emploi et en abaisser le prix. Ces essais ont donné des résultats depuis 1880. On commença alors à tirer un parti utile des résidus d'huileries : tourteaux de lin, de sésame, etc.; mais si le poisson est friand de cet appât, si le pêcheur trouve dans son emploi une notable économie, les fabricants ont remarqué qu'il avait des inconvénients et ils se préoccupent en ce moment de cette question. On a remarqué, en effet, que le poisson pêché au moyen de tourteaux s'altère plus facilement que celui pêché au moyen de rogue. Aussi une réaction commence-t-elle à se produire en faveur de ce dernier appât, dont le prix a d'ailleurs sensiblement baissé.

INDUSTRIE DES CONSERVES DE SARDINES.

On ne compte pas, en France, moins de 150 usines marchant plus ou moins activement et s'occupant de la préparation de la sardine. Ces usines que dans la Loire-Inférieure on désigne sous le nom de «Confiseries de sardines», s'échelonnent sur toute la côte dans le voisinage des lieux de pêche. Les principales localités où elles sont établies sont : les Sables-d'Olonne, Saint-Gilles, Noirmoutiers, l'île d'Yeu, le Croisic, Batz, la Turballe, Lerat, Piriac, Belle-Ile, Quiberon, Étel, Port-Louis, Gâvres, Kernevel Larmor, Doelan, Concarneau, l'île Tudy, le Guilvinec, Saint-Guénol, Penmarch, Audierne, Douarnenez.

Elles emploient ensemble un personnel d'environ 500 ouvriers, 13,500 ouvrières, 1,500 à 2,000 ferblantiers soudeurs.

Leur production annuelle peut s'évaluer en moyenne à 20 millions de kilogrammes, représentant, au prix de 2 francs à 2 fr. 50 le kilogramme, une valeur de 40 à 50 millions de francs.

Le chiffre de 20 millions de kilogrammes a été plus ou moins sensiblement dépassé dans les années de pêche fructueuse; de même il s'est abaissé dans la même mesure aux époque de disette.

Ce rendement moyen de 20 millions de kilogrammes se décompose ainsi :

Poisson	8,400,000 kilogr.,	soit	42 p. 0/0
Huile	6,000,000	—	30 p. 0/0
Fer-blanc et soudure	5,600,000	—	28 p. 0/0

Si l'on suppose, ce qui est très sensiblement exact, qu'un kilogramme soit représenté par 4 boîtes de dimensions diverses, on a un total de 80 millions de boîtes fabriquées annuellement.

Préparation de la sardine. — Cette préparation doit être rapide pour que le poisson n'ait pas le temps de s'altérer. Au fur et à mesure que les paniers pleins de poisson sont vidés sur le plancher de l'usine, on procède à l'étêtage qui a pour but d'enlever la tête, partie inutile, et les intestins, partie nuisible par la putréfaction rapide qu'elle ferait éprouver au poisson.

Des femmes assises devant une table et armées de petits couteaux bien tranchants, enlèvent d'un seul coup la tête et les intestins.

Aussitôt étêté, le poisson est mis dans le sel. Il y demeure un temps exactemen déterminé et qui varie suivant sa grosseur et sa nature. Ce salage doit être parfaitement réglé. S'il est insuffisant ou excessif, la qualité du produit et sa bonne conservation peuvent être également compromises. Aussi ne peut-on abréger ou prolonger cette opération sans inconvénient sérieux. Quand on juge que le salage est suffisant, on lave le poisson à grande eau pour le nettoyer et le débarrasser de l'excès du sel.

Les sardines lavées sont rangées sur des claies en fil de fer étamé par 8.000 ou 10,000 à la fois. On les laisse d'abord égoutter, puis on les fait sécher au soleil.

Le séchage doit être comme le salage pratiqué d'une façon bien réglée; trop ou trop peu de séchage ont leurs inconvénients. Il faut parfois apporter hâtivement aux fourneaux le poisson, comme dans d'autres cas il faut attendre plus longtemps pour que le séchage soit à point.

Vient ensuite la cuisson.

La cuisson des sardines s'opère soit dans des fours chauffés au feu ou à la vapeur, soit dans de l'huile chaude.

La cuisson au four est une opération très délicate, difficile à régler : elle paraît au premier abord beaucoup plus économique; mais il faut remarquer que l'économie d'huile est peu importante, la sardine cuite au four absorbant au moment de la mise en boîtes beaucoup plus d'huile que la sardine cuite à l'huile.

La cuisson à l'huile est la plus employée aujourd'hui et c'est celle qui paraît donner les meilleurs résultats.

Le procédé le plus simple de cuisson à l'huile est le suivant :

On se sert de petites bassines à fond plat ou concave, rondes ou carrées ayant à peu près 30 centimètres de profondeur, qui sont remplies d'huile d'olive et chauffées. On y plonge les sardines que l'on retire quand on juge que la cuisson est suffisante : une à deux minutes d'immersion dans l'huile bouillante suffisent pour la cuisson du poisson.

Ce procédé présente des inconvénients : pendant la cuisson, la sardine abandonne des déchets formés de sang coagulé, d'écailles, de parcelles de chair. Ces déchets s'entassent au fond de la bassine et sont en contact avec les parois directement soumises à l'action du feu. La carbonisation qui se produit forcément alors donne aux déchets et à l'huile un goût désagréable, et pour pallier à cet inconvénient on doit renouveler très fréquemment le bain d'huile, ce qui entraîne une dépense considérable.

Le procédé breveté par M. de Lagillardaie et employé par la Société commerciale de Lorient qui évite cet inconvénient grave nous paraît devoir trouver place ici :

La chaudière est disposée de telle sorte que les déchets ne sont point soumis à l'action du feu.

On peut se rendre facilement compte de la manière dont ce résultat est obtenu en jetant un coup d'œil sur les coupes transversale et longitudinale de la chaudière.

Celle-ci est traversée dans toute sa longueur par un bâti S à la partie supérieure duquel se trouve le carneau H dans lequel circulent les gaz chauds provenant du foyer.

La chaudière AAKK est remplie d'huile. La partie supérieure AA, soumise directement à l'action du feu, est portée à une température d'environ 130 degrés. C'est là qu'on introduit les paniers ou grils remplis de sardines à cuire. La partie inférieure KK, éloignée du foyer, n'est pas portée à une température supérieure à

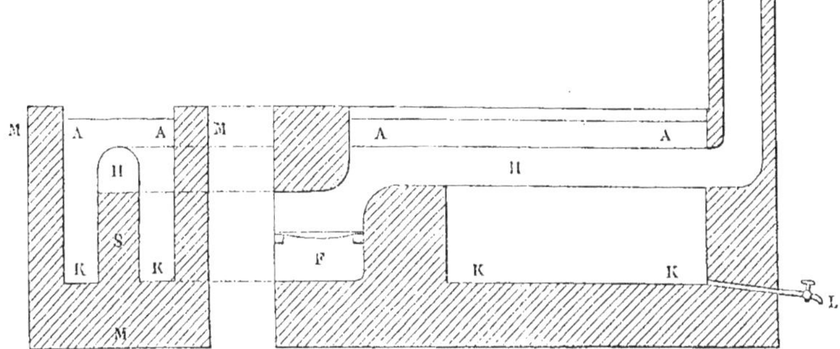

80 degrés. Or c'est précisément dans cette partie, dans ces deux sortes de poches inférieures, que viennent s'accumuler les déchets. Ceux-ci ne peuvent pas se carboniser et on les enlève de temps en temps en ouvrant le robinet L.

La température ne s'élevant pas à plus de 80° dans la partie KK, on y introduit généralement une couche d'eau d'environ 0 m. 15 d'épaisseur, qui facilite la séparation des déchets.

On introduit en même temps dans la chaudières trois à quatre grils ou paniers carrés de 0 m. 50 de côté, renfermant les poissons.

En sortant de l'huile, les grils contenant les sardines sont portés à l'égouttage et au séchage. En l'absence de soleil, cette dernière opération se fait à la chaleur d'un calorifère.

Les sardines séchées passent à l'emboîtage. On les range dans les boîtes et l'on achève de remplir celles-ci avec de l'huile d'olive.

Le soudage des boîtes présente un certain intérêt, en ce sens qu'un certain nombre de fabricants, soucieux de leurs intérêts et de la santé de leurs ouvriers, ont remplacé le chauffage du fer au charbon de bois par le chauffage au gaz. La maison Pellier notamment a organisé une petite usine à gaz dans laquelle elle utilise comme matières premières pour la fabrication du gaz les résidus provenant de la préparation des conserves. Les boîtes soudées sont finalement stérilisées à l'ébullition.

INDUSTRIE, COMMERCE.

Nous croyons intéressant de faire suivre le mode de fabrication des sardines de quelques renseignements.

Les dimensions des boîtes de vente généralement adoptées sont les suivantes :

Boîtes dites *quart* devant peser 300 grammes; *demi*, 500 grammes; *quatre quarts*, 1 kilogramme; *triples*, 3 kilogrammes.

Actuellement, le poids des quarts et des demi est loin d'être fixe. Celui des quarts est le plus souvent réduit à 325 grammes et même au-dessous. Le quart de 235 grammes renferme 165 grammes poisson et huile, le poids de la boîte étant de 70 grammes.

Pour indiquer la grosseur du poisson, on se reporte au nombre de sardines contenues dans une boîte d'un quart. Ce nombre varie beaucoup suivant les années, les lieux de pêche, etc. En général, à un moment de la campagne le plus gros poisson se pêche à Douarnenez, et le plus petit aux Sables-d'Olonne.

Il y a en moyenne 10 sardines au quart.

Le mémoire sur l'industrie de la sardine présenté à la Société commerciale de Lorient, bien que datant de 1878, représente encore exactement l'état de la fabrication actuelle. Ce mémoire donne une idée assez nette de la partie financière de cette industrie. En voici le résumé :

En 1876, la Société a fabriqué 2,888,000 quarts de boîtes, revenant à 940,345 fr. 67. Voici comment se décomposaient ces dépenses :

Boîtes, achats de fer-blanc et de soudure, fabrication	232,946f 00
Achat de 26,570,000 sardines	334,472 61
Achat de 141,357 kilogrammes d'huile d'olive	191,864 96
Main-d'œuvre, sel, chauffage	54,565 47
Emballage et étiquetage	29,430 00
Frais généraux	44,010 14
Intérêts du capital engagé	28,477 15
Amortissement, entretien du matériel et des usines	21,581 34
TOTAL	940,345 67

Les 26,570,000 sardines représentent la pêche de 100 bateaux. La société en arme 57 et achète aux pêcheurs l'excédent de sardines qui lui est nécessaire. On peut évaluer à 35 p. 100 du prix de vente du poisson, la part correspondant au salaire des pêcheurs.

La consommation de la rogue est d'environ 22 barils par bateau.

Le prix d'achat des 26,570,000 sardines au prix moyen de 12 fr. 65 le mille, peut se décomposer ainsi :

Salaire des pêcheurs (35 p. 100)	113,564f 50
2,200 barils de rogue (le baril pèse environ 135 kilogrammes à 67 francs le baril)	147,400 00
Produit de l'armement	73,514 11
TOTAL	334,478 61

L'huile d'olive s'emploie pour opérer la cuisson des sardines et pour recouvrir les poissons placés dans les boîtes.

Voici comment se répartissent les 141,357 kilogrammes employés :

Pour la cuisson	38,081 kilogr.
Pour le remplissage des boîtes	103,276
Total	141,357

L'article main-d'œuvre, sel et feu se subdivise ainsi :

Main-d'œuvre	48,365f 47
100 tonnes de charbon de terre à 30 francs	3,000 00
100 tonnes de sel à 30 francs	3,000 00
Total	54,365 47

Nous avons exposé d'une manière générale l'état actuel de l'industrie des sardines et les perfectionnements qu'on y a apportés. L'ensemble des produits exposés dans la section française était remarquable, ce qui justifie l'importance de notre exportation.

La plupart de nos fabricants exploitent plusieurs usines, ainsi qu'on le verra dans les notes qui suivent et qui, sans avoir la prétention d'être complètes, indiquent les principales fabriques représentées à l'Exposition.

La Société commerciale de Lorient (Ouizille) exploite 5 usines situées à Kernevel (commune de Ploemer, rade de Lorient), au Passage (commune de Trégune, près Concarneau), à Brigneau (commune de Moelan, arrondissement de Quimperlé), à Port-Maria (commune de Quiberon), à Port-Rhu (commune de Douarnenez).

La Société Brestoise, de fondation plus récente (1880), a son usine à Camaret-sur-Mer (Finistère). Elle opère la cuisson par l'huile chauffée à la vapeur, s'est organisé une usine à gaz et utilise ses résidus en les transformant en engrais secs.

La maison Pellier possède 4 établissements faisant la conserve de sardines. Ils sont situés à la Turballe (Loire-Inférieure, dans la baie du Croisic), à Lérat (baie de Piriac), à Guérande et à Audierne.

Dans la baie du Croisic, plus de 300 chaloupes pratiquent la pêche de la sardine et chacune rapporte 5,000 à 10,000 poissons.

Les sardines sont apportées aux ateliers dès que les pêcheurs rentrent au port. Dans les eaux de Belle-Ile-en-Mer (Morbihan), pendant toute la saison de la pêche des sardines, la maison Pellier fait stationner chaque jour des chaloupes pontées aménagées spécialement qui achètent et salent en mer les sardines au fur et à mesure qu'elles sont pêchées et les transportent en quelques heures aux usines de la Turballe : elles augmentent l'approvisionnement quotidien fourni par la pêche locale, trop souvent insuffisante.

Nous avons dit que la maison Pellier avait adopté le mode de chauffage des fers à souder par le gaz, et qu'elle utilisait à la préparation de ce dernier les résidus huileux de sa fabrication.

En 1888, cette maison a préparé 42 millions de sardines, formant 3,218,880 quarts de boîtes d'une valeur de 2,180,000 francs. Le prix des sardines était de 226,000 fr. et il a fallu 226,786 kilogrammes d'huile pour les préparer.

La maison Amieux frères occupe 9 usines : Chantenay-lès-Nantes, Paris, Périgueux, île d'Yeu (Vendée), Quiberon (Morbihan), Concarneau, Saint-Guénolé, Douarnenez et Pont-l'Abbé (toutes quatre dans le Finistère). Ces usines produisent annuellement plus de 6 millions de boîtes. Elles occupent un personnel de 2,500 ouvriers et ouvrières pendant la période de fabrication. On y fabrique non seulement des sardines, mais aussi une très grande quantité de conserves de légumes. La cuisson du poisson s'opère dans l'huile chauffée à la vapeur.

La maison Saupiquet, à Nantes, a ses usines et pêcheries à Nantes, La Garlière, les Sables d'Olonne, île d'Yeu, Port-Neuf, Pen-ar-March'at, Audierne, la Turballe, Belle-Ile-en-Mer.

M. Guilloux fabrique près de 700,000 boîtes de conserves de sardines par an dans une usine située à Vernevel-en-Ploemeur, près de Lorient. M. Coyen, à Audierne, en fabrique de 5,000 à 6,000 caisses dans l'usine de Poulgoarec.

Citons aussi MM. Rodel, Jacquier, Roulland, Benoist et Cie, à Nantes, ayant leurs usines aux Sables-d'Olonne et au Croisic; Noel frères, à l'île de Croix; Levesque, à Nantes (usines à Belle-Ile et à Audierne); Mme Vve Ispa, à Douarnenez; MM. Billette, à Concarneau; Wenceslas-Chancerelle, Marquet, Delory.

Tous ces produits témoignent de la grande perfection de la fabrication française.

Parmi les produits exposés dans le palais de l'Algérie, nous citerons les sardines de M. Dion et celles de M. Riquier.

A côté de l'industrie de la sardine, viennent se ranger un certain nombre d'industries analogues, dont la principale est la fabrication des conserves de thon. Nous dirons seulement un mot de ces industries :

La maison Pellier a monté, aux Sables-d'Olonne, une usine dans laquelle elle prépare le thon mariné à l'huile d'olive. Tous les ans, elle arme 15 chaloupes qui se livrent à la pêche du thon dans le golfe de Gascogne. Sa pêche annuelle est (pour 1888) de 13,235 thons pesant ensemble plus de 100,000 kilogrammes. Les thons de l'Océan, ou *germons* (*thynnus alalonga*) ont la chair blanche et sont d'un goût plus fin que l'espèce pêchée dans la Méditerranée.

A Audierne (Finistère), la même maison possède des ateliers pour la préparation en grand des *sardines pressées*, la salaison des anchois et la fabrication des conserves de saumons et de maquereaux.

Aux Sables-d'Olonne et au Croisic, MM. Benoist et Cie préparent, outre des conserves de sardines, des conserves de thons, maquereaux et rougets. De même, la maison Nœl, à l'île de Groix, a joint à la fabrification des conserves de sardines, celle des conserves de thon et de rouget.

LES PÊCHERIES NORVÉGIENNES.

La pêche est la principale industrie de la Norvège, et on évalue au cinquième de la population le nombre des habitants dont les intérêts essentiels se rattachent à la pêche proprement dite, ainsi qu'aux industries qui en dérivent.

Il suffit de connaître l'importance des bancs de harengs et de morues qui sillonnent ses côtes, et de jeter un coup d'œil sur la carte géographique de la Norvège pour s'expliquer la situation exceptionnelle dans laquelle est placé ce pays. Sans compter les fjords qui découpent profondément la côte et les nombreuses îles qui la parsèment, la Norvège possède 2,820 kilomètres de côte.

Pendant longtemps la pêche norvégienne a été livrée à ses propres ressources, mais, depuis une vingtaine d'années, l'État commence à prendre des mesures sérieuses en faveur des pêcheries. On a organisé la surveillance officielle de la grande pêche, on a créé des lignes télégraphiques et téléphoniques, étudié les passages des bancs, etc. Le réseau télégraphique spécial installé sur toute la côte ouest scandinave pour porter la nouvelle de l'arrivée des bancs de harengs a 2,600 kilomètres et coûte près de 8 millions de francs. (On sait que l'approche des bancs de harengs est fréquemment signalée par d'énormes agglomérations d'oiseaux de mer et de cétacés qui les suivent dans leur course.)

A Fiodwig, dans le voisinage du port d'Arendal, on a établi en 1884 un établissement de pisciculture pour éclore principalement le frai de morue. On y féconde chaque année près de 50 millions d'œufs de morue, qui fournissent environ 28 millions d'alevins.

En Norvège, la pêche est essentiellement côtière. Elle se pratique sur des barques ouvertes, soit à l'intérieur des fjords, soit à peu de distance des côtes. Le pêcheur norvégien est presque toujours son propriétaire; la barque et ses engins lui appartiennent. Chez la plupart des autres nations maritimes qui se livrent à la pêche, celle-ci se pratique au contraire en pleine mer, sur des bateaux pontés, et ceux-ci appartiennent à des armateurs dont les pêcheurs sont locataires. En raison même des conditions dans lesquelles ils se trouvent placés, les pêcheurs norvégiens produisent à bon marché.

La morue et le hareng forment la majeure partie du poisson pêché. A eux deux, ils forment en général de 75 à 80 p. 100 de la valeur totale des poissons pêchés annuellement sur les côtes de Norvège. Aussi les décrirons-nous en premier lieu. Viennent ensuite les pêches dites *d'été*, la pêche du maquereau, celle du saumon, de la truite de mer, du homard qui forment le complément, soit 20 à 25 p. 100.

PÊCHE DE LA MORUE.

La morue se pêche en grand sur trois côtes principales :

1° La face interne et le revers externe du groupe de Lofoden entre 67° 25′ et 68° 36′ de latitude Nord;

2° La côte allant du promontoire de Stadt jusque vers l'embouchure du golfe de Trondjeim, entre 62 degrés et 63° 30′ de latitude Nord (districts de Sondmore, entre Romsdal et Nordmore);

3° La côte de la Laponie (Finmark).

La morue se rencontre en quantités énormes dans les deux premières régions, à l'époque du frai (de janvier à avril), puis elle monte au printemps vers la côte laponne à la poursuite des capelans qui lui servent de nourriture.

C'est dans la première région que la pêche est la plus importante; aussi l'examinerons-nous un peu en détail, les modes de pêche employés étant d'ailleurs les mêmes dans les trois régions.

Région de Lofoden. — Les îles de Lofoden sont arides; la culture y est insignifiante et tout y est consacré à la pêche. Le nombre total de morues qui a été pêché pendant les années 1883 à 1887 dans les grandes pêches de Norvège est estimé à 52 millions par an en moyenne. Les pêcheries de Lofoden entrent dans ce chiffre pour la moitié environ, soit 24,500,000. Cette région fournit à elle seule pendant la campagne d'hiver autant que tout le reste du pays pendant l'année entière.

Dès octobre, toute la population du Nordland commence à s'armer pour la pêche de Lofoden. On radoube les barques, on noue et répare les filets, on remet les lignes en état.

«La partie féminine de la population, dit M. Kr. L.[1], lave et coud, tricote et rapièce infatigablement : on procède nuit et jour à la cuisson du pain, aux achats nécessaires; on remplit les coffres de pêche, et l'on a soin que chaque homme soit largement pourvu en vivres et en vêtements pour la rude besogne qui l'attend.»

Le voyage se fait généralement au commencement de l'année.

En janvier, quand arrive le moment de la pêche, les marins arrivent de tous les recoins du pays situé entre le golfe de Trondjeim et la Laponie. On compte environ 30,000 pêcheurs montant de 7,000 à 8,000 barques. Les quatre cinquièmes environ se livrent à la pêche dans le Vestfjord, l'autre cinquième se rend au Yderside et au Vesteraalen, situés sur le revers externe des îles Lofoden.

De temps immémorial, ces énormes essaims de morue (cabillaud[2]) se sont rendus à la même époque et aux mêmes lieux, guidés par l'instinct de la reproduction, et si

[1] *Les pêcheries de la Norvège.* (Documents publiés par la section norvégienne.) — [2] On donne le nom de *cabillaud* à la morue fraîche.

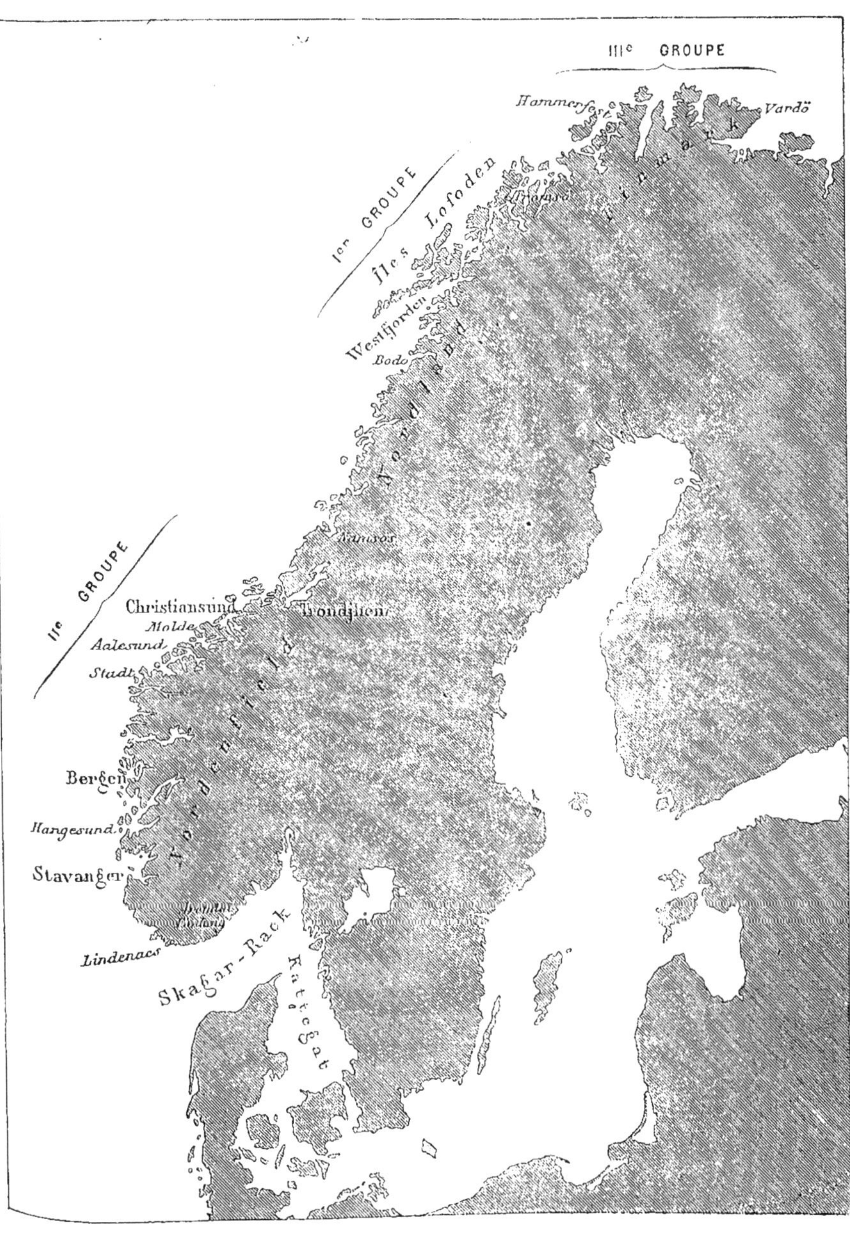
IIIe GROUPE
Hammerfest
Vardö
Tromsö
Ier GROUPE
Îles Lofoden
Westfjorden
Bodo
Nordland
IIe GROUPE
Christiansund
Trondjhem
Molde
Aalesund
Stadt
Bergen
Hangesund
Stavanger
Lindenaes
Skagar-Rack
Kattegat

toutes les années ne donnent pas une moisson également riche, du moins ne connaît-on pas une seule année où l'arrivage des bancs n'ait eu lieu.

Dans le courant de janvier ou février, les pêcheurs ont pris leurs places. Ils couchent presque tous par équipes de douze dans des *rorbod*, sorte de huttes recouvertes de gazon qui se louent moyennant une faible redevance.

« Le bateau du Nordland est aisément reconnaissable à sa voile carrée, sa hauteur considérable avant et arrière, et ses formes souples et élancées[1]. »

Les plus grands parmi les bateaux à lignes jaugent environ 3 tonneaux et demi. Les bateaux à filets ont en général 6 à 7 tonneaux.

La pêche se pratique de trois manières différentes :

1° A la ligne de plomb;

2° Avec des lignes de fond (ou palancres);

3° Aux filets.

La ligne de plomb est une ligne à main ordinaire, elle est employée par les pêcheurs les plus pauvres, car c'est l'outillage le plus économique. Elle exige un travail acharné, mais donne parfois de bons résultats.

La pêche à la ligne de fond se fait soit en bateau de nuit monté par quatre ou cinq hommes, soit en bateaux de jour montés par trois hommes. Sur chaque bateau sont placés trois ou quatre baquets de lignes contenant chacun 480 hameçons. Le jeu de quatre baquets contient donc 1,920 hameçons.

La pêche au filet se fait en bateaux montés par six ou sept hommes munis chacun de seize à vingt filets. Ceux-ci ont une longueur de 25 à 30 mètres sur 5 mètres environ de profondeur. Ils sont soutenus à la partie supérieure par des flotteurs en verre et sont lestés à la partie inférieure au moyen de pierres.

Les pêcheurs à la ligne de plomb et les pêcheurs de jour peuvent partir quand ils veulent. Le pêcheur à la ligne de plomb pêche quand il peut. Quant aux pêcheurs de jour à la ligne de fond, ils ne peuvent utiliser leurs engins que quand le signal leur en est donné. Les bateaux à filets et à lignes de nuit ne peuvent quitter le camp quand arrive le matin avant que les autorités compétentes (opoyn) n'aient donné le signal.

L'appât est du hareng soit frais, soit salé, du poulpe, de la rogue, etc. L'amorce constitue un déboursé assez considérable pour le pêcheur, et, en 1888, suivant le rapport du surveillant général, on en a consommé pour une valeur de près d'un demi-million de francs.

Les rendements que donnent les divers bateaux et engins de pêche sont très variables; on estime que les filets conviennent mieux quand le poisson est gras, et les lignes quand il est maigre. La moyenne, pour un bateau à filets, est de 300 à 400 poissons; on considère le nombre de 600 à 800 comme étant un excellent ren-

[1] *Les pêcheries de la Norvège.*

dement. Au-dessus, c'est une pêche riche. Pour le bateau à lignes, ces chiffres sont de 200 en moyenne et 400 comme excellent rendement.

Un bateau avec filets peut prendre de 1,000 à 1,500 morues, exceptionnellement jusqu'à 3,500. Le bateau à lignes est comble quand il en a pris de 600 à 700. Un bateau à filets peut, outre les engins, loger de 1,200 à 1,400 poissons. Quand on en prend davantage, le surplus est ramené à terre par des camarades moins favorisés du sort.

Les bancs (fiskevoer) sont à une distance des places de pêche qui peut varier de 2 kilomètres, et même moins, jusqu'à 20 kilomètres environ. La morue s'y rencontre ordinairement à une profondeur de 40 à 60 brasses. Suivant l'allure du poisson, on rapproche les filets et les lignes de la surface ou du fond. Il semble résulter des observations qui ont été faites à ce sujet que le poisson se tient de préférence dans les endroits dont la température est d'environ 5 degrés centigrades. Certains pêcheurs, se basant sur ces indications, cherchent, dans certains cas, à utiliser la sonde thermométrique pour déterminer à quelle profondeur ils doivent placer leurs engins.

PRÉPARATION DE LA MORUE.

La morue est salée ou séchée. Dans le premier cas, elle est presque uniquement consommée en Norvège. La morue séchée est à peu près la seule exportée. On la prépare soit sous forme de morue plate ou *klipfisch,* ou sous la forme de morue en bâtons (*stockfisch* ou *rundfisch*). La morue en bâtons était autrefois la plus communément préparée, c'est le contraire qui a lieu maintenant. Ainsi, en 1888, avec la morue de Lefoden, on a fait 85 p. 100 de klipfisch et 15 p. 100 de stockfisch. L'exportation est surtout importante pour la morue séchée plate, et l'Espagne compte parmi les pays qui en consomment une grande quantité.

La morue plate se vend sur place; la morue en bâtons se prépare surtout pour le compte des pêcheurs.

Les opérations se font d'abord sur les bateaux. Elles se finissent à terre où les pêcheurs utilisent le temps que leur laisse la pêche à habiller ou parer les poissons. Ils arrachent les ouïes, ouvrent le poisson, retirent les entrailles, coupent les têtes, enlèvent le foie et la rogue qu'ils mettent chacun à part.

Quelques acheteurs restent aussi à terre et établissent des saleries; mais la plupart des fabricants sont des caboteurs venus à Lofoden avec des petits navires d'environ 60 tonneaux, et qui achètent la morue soit pour leur compte personnel, soit pour celui de leurs armateurs.

Voici la façon dont les opérations se pratiquent :

Le poisson est suspendu en long sur le pont au fur et à mesure de la pêche, puis empilé dans la cale avec 6 à 7 hectolitres de sel par 1,000 poissons. Quand la pêche est terminée ou que le navire est plein, on part pour les sécheries échelonnées sur toute la côte de Tromso à Bergen. Ce sont des emplacements rocheux bien nus et que l'on nettoie bien. Le séchage dure de cinq à sept semaines et est en pleine activité en avril et mai. Pour les stockfisch, les morues liées deux à deux par la queue sont mises à cheval par rangs épais sur de longs chevrons portés à leurs extrémités par des supports en croix. Pour éviter les vols, il est convenu qu'aucun poisson ne sera dépendu avant le 12 juin, afin que les propriétaires puissent surveiller l'enlevage de leurs marchandises. La morue sèche est chargée dans des *jaegt*, bateaux pontés du Nordland qui les transportent dans les centres d'exportation. De là la morue est expédiée dans les différents marchés en tête desquels l'Espagne (klipfisch) et l'Italie (stockfisch).

Le foie est traité pour la fabrication de l'huile médicinale.

La rogue est salée dans des tonneaux mal joints afin que la saumure puisse s'écouler. Ces rogues sont exportées surtout de Bergen. La France en achète d'assez grandes quantités. Les pêcheurs de Bretagne se servent de rogues de morue et de maquereaux pour attirer la sardine.

Les têtes, les épines dorsales, les poissons trop jeunes et les résidus divers servent à la fabrication de guano artificiel.

C'est au mois de mars que la pêche est, à Lofoden, dans sa plus grande activité. On pêche dans ce seul mois 60 p. 100 en moyenne de la production totale. La pêche est d'ailleurs sujette à des variations considérables. On compte que la moitié du temps à peu près est perdue à cause du mauvais état de la mer. Mais quand le temps est assez favorable pour permettre la pêche pendant toute une semaine de suite, on peut ramener des quantités de poisson vraiment étonnantes. C'est ainsi que pendant la semaine du 13 au 20 mars 1881 on amena à terre 9,250,000 morues.

La surveillance officielle cesse le 14 avril. Quelques pêcheurs restent encore, mais la majeure partie vont à la pêche en Laponie ou rentrent chez eux.

Voici la pêche moyenne par homme suivant les relevés du chef de la surveillance officielle :

1876-1880, 1,080 morues	383 francs.
1881-1885, 802 morues	282
1886, 1,072 morues	312
1887, 1,070 morues	226
1888, 813 morues	275

Les bénéfices des pêcheurs de morue sont des plus modestes; ainsi le gain journalier, outre la nourriture, a été évalué à :

Pour le pêcheur au filet	2f 11
Pour le pêcheur au palancre	2 33
A la ligne	1 82

Notons que ces chiffres se rapportent à la période décennale 1871-1880 où la pêche a réussi d'une façon exceptionnelle.

Une chose bien digne de remarque c'est que la surveillance officielle des pêches, qui n'a pas même un petit vapeur à sa disposition et qui ne compte qu'une quarantaine de personnes pour surveiller une étendue de plus de 100 kilomètres, suffise à maintenir l'ordre dans toute cette population, qui s'élève parfois jusqu'à 30,000 hommes, sans compter les équipages des navires, les commerçants et les ouvriers de métiers qui vont chercher du travail à Lofoden pendant la durée de la pêche. En 1888, la surveillance n'a eu à imposer que 267 amendes pour petits délits contre quelque paragraphe de la loi sur la pêche à Lofoden; 16 informations ont eu lieu par suite de vol, 4 par suite d'escroquerie ou de faux. C'est là vraiment une preuve bien éloquente du brave et honnête caractère de ces vaillants et solides gens!

La mortalité pendant la pêche est faible; 699 hommes pendant la période de 1861 à 1887, soit 1/11 p. 1,000.

Région du Sandmore, du Romsdal et du Nordmore. — Cette pêche se fait, comme nous l'avons dit, sur la côte comprise entre le cap Stadt et le golfe de Trondjeim. Le Sondmore et spécialement la petite ville d'Aalesund équipent plus de cent petits cutters pontés, jaugeant de 20 à 50 tonneaux et portant cinq à dix hommes. Il faut signaler ce mode d'embarcation qui tend à se généraliser comme un progrès pour la sécurité du pêcheur.

Pendant la période quinquennale 1883-1887, on a pêché en moyenne dans ces parages 5,700,000 morues qui sont presque toutes transformées en klipfisch.

Région de Laponie. — La pêche en Laponie norvégienne (Finmarken) se pratique en hiver et au printemps. On transforme en klipfisch environ 52 p. 100 de la pêche; le reste sert à faire du stockfisch. Pendant la période 1883-1887, on a pêché en moyenne 11,800,000 poissons. Une certaine quantité de ceux-ci est salée et expédiée aux provinces russes de la mer Blanche. En Laponie, on ne conserve pas toute la morue. On en vend une partie à l'état frais et on en échange contre de la farine aux Lodje du nord de la Russie; celles-ci la salent à leur bord.

PÊCHE DU HARENG.

La plus importante des pêches de hareng en Norvège est celle du hareng gras ou d'été, le hareng printanier et le gros hareng ayant presque complètement disparu. Nous ne dirons que quelques mots des deux dernières sortes de hareng qui ne présentent plus actuellement un grand intérêt commercial.

Hareng printanier. — Jusque vers 1870, la pêche du hareng printanier était la plus importante des trois mentionnées ci-dessus. On le pêche, ainsi que l'indique son nom, au printemps, de janvier et février jusqu'en mars et avril. La côte qu'il fréquentait s'étendait de Lindesnaes à Stadt sur un large espace.

On sait que dès les temps les plus reculés la pêche du hareng printanier avait constitué un des meilleurs moyens d'existence du peuple norvégien. On ignore les motifs de sa disparition, de même qu'on ignore d'où il vient et où il va. Le hareng est loin de posséder la même stabilité d'ailleurs que la morue, bien que le motif (l'instinct de la reproduction), qui le pousse vers la partie sud de notre côte occidentale par exemple soit le même qui pousse irrésistiblement la morue vers les bancs de Lofoden.

On a cependant des données assez sûres pour les derniers siècles et on en a conclu à l'existence des deux périodes fixes pendant lesquelles le hareng est revenu régulièrement quoique en quantité variable. La première période va de 1699 à 1784; le seconde de 1808 à 1873. A la fin du XVIIe et du XVIIIe siècle et au commencement du XIXe siècle il y a eu éclipse du hareng.

Dans la dernière période vers 1860, on comptait environ 6,000 barques montées par 30,000 hommes se livrant à la pêche du hareng printanier.

En 1861-1865, on en exporta par an, en moyenne 605,500 tonneaux (à 116 litres).

La pêche du hareng printanier n'a pas complètement cessé depuis 1876. Ainsi dans la période depuis 1876 à 1885 on en a pris en moyenne 40,000 mesures de 150 litres. Mais tandis qu'on le trouvait autrefois à l'intérieur de la ceinture rocheuse, il faut maintenant aller le chercher en pleine mer avec des filets jusqu'à 20 et 30 kilomètres de la côte. Sa qualité avait baissé et semble s'améliorer. Certains signes paraissent annoncer l'ouverture prochaine d'une nouvelle saison de hareng printanier. Ainsi à la fin de septembre 1886 il y a eu une grande migration de harengs vers les côtes du Nordfjord et du Sondfjord, au sud du cap Stadt. Dans ces parages on a pris pendant les derniers mois de 1886 et les premiers mois de 1887 350,000 mesures (150 livres) de harengs. Dans la pêche de 1887 (commencée fin octobre) et dans celle de 1888 (commencée dans les premiers jours de novembre) les rendements ont été assez bons. L'ensemble de ces trois dernières années fait présager une nouvelle arrivée de harengs printaniers.

Pêche du gros hareng. — Ce hareng a fait une apparition de 1860 à 1875. Il apparut, en 1860, en colonnes énormes dans le Nordland et arriva juste pour dédommager les Norvégiens de la perte de leur harang printanier. Vers 1870 on exportait tous les ans 300,000 à 400,000 tonneaux (116 litres). En 1872 on en exporta 600,000 tonneaux. Cette pêche cessa entièrement en 1875, le poisson ayant complètement disparu. Elle se pratiquait pendant les trois derniers mois de l'année.

Pêche du hareng d'été ou hareng gras. — C'est actuellement la plus importante, surtout depuis la disparition des deux précédentes. Bien qu'elle ait toujours existé on lui donnait autrefois beaucoup moins d'importance, car le hareng d'été ou gras ne renferme ni rogue, ni laitance comme les harengs de printemps et les gros harengs. On le pêche de juillet à novembre mais principalement en août, septembre et même octobre sur toute la côte de Bergen jusqu'à Tromso. Mais il se masse principalement en certains points et notamment dans le golfe de Namsos, Donnaes en Helgeland, les fjords environnant Bodo et Eidsfjord dans le Vesteraalen.

« Les évolutions du hareng gras le long des côtes narguent toutes prévisions; s'il est inconstant et capricieux dans le choix des côtes où il se décide finalement à aborder, la quantité prise d'une année à l'autre est au moins tout aussi variable[1]. » C'est ainsi qu'en 1876 on a exporté 815,000 tonneaux (116 livres); en 1880, 360,000 tonneaux et pendant la période de 1876 à 1885, en moyenne, 540,000 tonneaux.

Les harengs se pêchent à la senne et au filet; mais c'est le premier engin qui est le plus employé. La pêche se fait sur des bateaux pontés de 25 à 35 tonneaux généralement loués et montés par 15 à 20 hommes. L'armement d'une valeur de 10,000 à 12,000 francs se compose de 3 sennes, 2 grandes chaloupes pour porter le hareng frais, de 3 à 4 yoles plus petites, des ancres, barils, cordages, scintillants, prélarts, lunettes d'eau, sonde, etc.

La pêche se pratique de la manière suivante : on part la nuit, le chef ou *notebas* marche en avant dans une petite barque avec sa sonde et sa lunette d'eau. Derrière lui vient la grande chaloupe portant la grand senne ou rabatteuse. On fait le moins de bruit possible en ramant. Quand le notebas a trouvé avec sa sonde la position occupée par les harengs il fait jeter les filets : la grande senne ou rabatteuse (*staengenot*), la senne fermoir (*laasenot*) et la senne enleveuse (*afkastenot*); la rabatteuse a en général 300 mètres de long sur 40 à 50 mètres de profondeur au milieu, les deux extrémités allant en s'amoindrissant; le fermoir a 140 à 160 mètres de long et l'enleveuse 50 à 60 mètres avec des profondeurs proportionnelles. Des flotteurs de liège soutiennent la partie supérieure et des pierres servent à maintenir la partie inférieure.

Les équipages à la senne partent de Bergen dès la fin de juin.

La pêche au filet est pratiquée surtout par les populations locales.

Préparation et industrie. — Le hareng est acheté par des spéculateurs, soit par les négociants du Nordland, soit par les navires qui ayant passé leur hiver à acheter de la morue à Lofoden ou en Laponie profitent du temps qui leur reste pour faire une ou deux spéculations sur le hareng. Chargés de barils et de sel ils suivent les jeux de sennes tout le long de la côte. Le hareng est caqué et salé par des femmes, des filles ou des gamins qui affluent à cette époque sur le théâtre de la pêche pour y trouver des moyens de subsistance. La salaison a lieu surtout à terre dans des établissements *ad hoc*, s'il y en a, ou, à leur défaut en rase campagne ou sur le pont des navires. En même temps qu'on égorge les harengs on en fait jusqu'à sept marques différentes suivant leur grandeur. On les met en couches dans des barils avec un quart de tonneau de sel environ. On ferme les tonnes, on les emplit de saumure, puis on les arrime

[1] *Les pêcheries de Norvège.*

dans la cale. Dès l'arrivée aux ports d'exportation, on visite les tonneaux, on les remplit bien et on les envoie dans les marchés principaux (Allemagne, Suède, Russie, Danemark, etc.).

Le hareng gras de Norvège et particulièrement celui qui est pris en août et septembre est l'un des plus fins et des plus délicats.

Pêche d'été. — Ces pêches comprennent la capture d'une foule de poissons : la lingue (*molve*), le trosme, l'églefin, le merlan vert (*gade*), le poisson rouge (*sebastes norvegicus*), l'hippoglosse (flétan ou helbot), le carrelet.

Les cutters des pêcheries du Sondmore sont utilisés pendant l'été pour la pêche du flétan ou helbot (*hippoglosse*) sur certains bancs assez rapprochés de la côte; ou encore pour la pêche de la lingue et du brosme sur le banc de Storregen situé de 60 à 70 kilomètres de la terre ferme sous la côte de Sondmore.

On sale la lingue et le brosme en klipfisch. Quant à l'hippoglosse on l'expédie en frigorifiques en Angleterre.

Le merlan vert est suspendu à des chevrons et transformé de même que la lingue en klipfisch.

Pêche du maquereau. — Cette pêche se pratique exclusivement dans la Norvège méridionale, soit dans le Skagerat, soit dans la mer du Nord, entre Lindesnes et Hangesund. L'époque la plus favorable est de fin mai à fin juillet. En 1887, environ 1,200 bateaux et 4,000 hommes ont pris part à cette pêche qui se pratique de la manière suivante.

Les pêcheurs montés sur des bateaux de 10 à 20 tonneaux partent le soir et traînent pendant toute la nuit leurs filets à la dérive. On forme des chaînes avec 50 filets et plus, pouvant atteindre un développement de 3,000 mètres. On salait autrefois le maquereau en barils. Aujourd'hui, ce qui n'est pas consommé sur place est expédié à l'état frais sur de la glace.

Pêche du saumon. — Cette pêche, peu sauvegardée par les pouvoirs publics a cependant une place importante dans la production norvégienne. Ce saumon va surtout en Angleterre sur de la glace.

Pendant la période quinquennale de 1883 à 1887 on en a exporté, en moyenne, 536,000 kilogrammes par an représentant une valeur de 971,000 francs.

Pêche de l'esprot. — L'esprot ou sprat (*clupea sprattus*) se pêche à l'automne dans les fjords compris entre Stavanger et Bergen. C'est un petit poisson d'un goût fin dont on fait les anchois et qu'on sale en partie.

Il se pêche avec des sennes à mailles fines.

Pêche du homard. — Cette pêche est une ressource pour la partie pauvre de la population du sud-ouest. Les homards se prennent dans des paniers ou tines (nasses).

Une grande partie des homards pêchés se consomme à l'intérieur, le reste s'exporte vivant. De 1883 à 1887 on en a expédié en moyenne un million par an d'une valeur de 640,000 francs.

Nous avons eu sous les yeux dans l'exposition norvégienne des produits de la pêche de la plupart des points de la côte, mais principalement des régions sud. En allan du nord au sud, nous citerons entre autres : les morues sèches roulées présentées par M. Klingenberg, à Trondjem; les morues sèches et plates de Bacalao (Christiansund) de M. Astrup; les produits, très remarquables de la maison Parelius et Lossius, à Christiansund, parmi lesquels nous citerons les morues sans peau ni arêtes, en caisses de bois de 10 à 20 kilogrammes. M. Johnsen, à Christiansund, a exposé notamment des morues desséchées en petites bandes minces.

Bergen, centre très important de pêche, nous a envoyé plusieurs de ses industriels, parmi lesquels M. Thesen, qui présente des stockfisch, des klipfisch (Bacalao), des rogues salées de morue et des harengs salés; M. Brynildsen qui présente le même genre de produits, et M. Isdahl dans l'exposition duquel figurent des morues roulées seulement. M. Joergensen, à Hisken, près de Bergen a exposé une collection fort intéressante de produits de pêche boucanés et salés.

Pour Stavanger, au sud de Bergen nous avons encore des exposants parmi lesquels la maison Conradsen (harengs marinés, conserves de poissons et de viandes), la maison Die (conserves de poisson, soupes, etc.), Olsen, dont le saumon fumé en boîtes est fort bien conservé, Schreiner, Nilsen et Thus, qui présentent de la pâte de poisson.

Une société importante de pêche et de conservation des poissons a été créée en 1873, à Stavanger, et elle a exposé sous le nom de *Stavanger preserving C°;* les saumons et anchois en baril qui figuraient dans son envoi sont de bonne qualité et de bonne conservation.

Nous pourrions énumérer un grand nombre de produits et nous citerons encore les harengs conservés en saumure et les anchois de la maison Troye, les anchois de M. Jensen, à Friedrickshald, et les divers produits de la même maison, tels que les guanos de hareng, poudres alimentaires de poisson (rogues de morues séchées et pulvérisées).

Voici la composition des engrais produits par cette maison :

ENGRAIS JENSEN.

	Azote	Acide phosphorique.	Potasse.
Guano de hareng	11	6	2
Guano de morue	9	12-15 p. 100	1-2 p. 100
Poudre d'os de baleine	3-4	22-25	

En dehors des conserves proprement dites nous avons pu, grâce à des collections intelligemment et soigneusement présentées, faire connaissance avec les divers appâts de pêche, détritus, engrais, etc. qui s'utilisent dans la pêche ou en forment les sous-produits non évitables.

C'est ainsi que dans la collection du comité de l'exposition norvégienne nous avons remarqué entre autres produits des moules d'environ 12 à 15 centimètres de long qui constituent un appât employé par les pêcheurs pour prendre la morue. Parmi les sous-produits qui y figuraient nous citerons aussi les suivants :

	Azote. p. 100	Acide phosphorique. p. 100
Farine de baleine pour la nourriture des bestiaux	11,50	1,50
Guanos de morue	7,45	14,44

La commission norvégienne de l'exposition offre d'ailleurs un ensemble de produits des plus remarquables; d'une part les poissons conservés, tels qu'ils sont livrés à la consommation (klipfish, stockfish ou morue en bâtons, ronde, séchée à l'air; rotscher, ou morue fendue, séchée à l'air; harengs); d'autre part les produits secondaires : têtes, vertèbres, peaux servant à préparer le guano et la colle, tripes salées et séchées, etc.

Les statistiques suivantes, recueillies à la Commission norvégienne, pendant l'Exposition, serviront à montrer l'importance des produits de la pêche en Norvège.

STATISTIQUE DE LA PÊCHE EN NORVÈGE DE 1883 À 1887.

1° NOMBRE D'INDIVIDUS S'OCCUPANT DES GRANDES PÊCHES.

1883	112,917
1884	104,572
1885	113,639
1886	128,824
1887	123,843
Moyenne	116,963

2° RENDEMENT SUR LES LIEUX DE PÊCHE.

NATURE DES PÊCHES.	1883.	1884.	1885.	1886.	1887.	MOYENNE.
	francs.	francs.	francs.	francs.	francs.	francs.
Morues	13,800,000	21,510,000	15,300,000	17,460,000	11,186,000	15,860,000
Harengs	11,732,000	5,905,500	3,505,000	7,708,000	4,107,000	7,000,000
Baleines et phoques	3,902,000	3,534,000	3,290,000	2,450,000	3,170,000	3,280,000
Autres pêches	8,604,000	6,594,000	6,277,000	6,083,000	5,610,000	6,604,000
Total	38,101,000	37,603,300	30,372,500	33,701,000	24,079,000	32,774,000

3° EXPORTATIONS.

NATURE DES PÊCHES.	1883.	1884.	1885.	1886.	1887.	MOYENNE.
	francs.	francs.	francs.	francs.	francs.	francs.
Morue plate salée et séchée.	22,280,000	18,365,000	16,300,000	14,980,000	19,344,000	18,214,000
Morue sèche en bâtons et poissons secs de toutes sortes..............	7,622,000	7,813,000	7,114,600	7,482,000	8,320,000	7,640,000
Huiles de foies de morues, de baleines et de phoques.	6,153,000	7,925,000	7,261,600	7,140,000	6,411,500	6,978,000
Rogue de morue........	2,177,600	2,118,000	1,730,000	1,480,000	1,755,000	1,855,500
Harengs de tous genres...	16,065,000	14,620,000	11,290,000	13,369,000	13,580,000	13,792,800
Produits de la pêche des baleines et des phoques.	2,631,800	1,948,600	872,600	1,023,600	1,047,000	1,505,200
Autres produits de pêche.	61,977,100	58,204,600	50,565,800	33,024,000	56,670,800	56,109,800

STATISTIQUE OFFICIELLE DES PRODUITS DE LA PÊCHE
SUR LES CÔTES DE NORVÈGE.

(Valeur totale en milliers de francs.)

NATURE DES PÊCHES.	1887.	P. 100.	1886.	P. 100.	1885.	P. 100.
Morue..............................	11,186	54.6	17,460	56.4	15,295	57.4
Hareng gras.........................	2,789	13.6	6,370	20.6	4,156	15.6
Esprot, etc.........................	251	1.2	364	1.1	300	1.1
Hareng printanier...................	1,068	5.2	1,011	3.3	1,051	3.9
Maquereau...........................	769	3.8	1,063	3.4	1,086	4.1
Produits des pêches d'été...........	3,121	15.2	3,424	11.1	3,388	12.7
Saumon et truite de mer.............	757	3.7	684	2.2	820	3.1
Homard..............................	548	2.7	592	1.9	553	2.1
Huîtres.............................	12	"	7	"	7	"
TOTAL....................	20,501	100.0	30,978	100.0	26,656	100.0

AUTRES PRODUCTIONS EN 1887.

Chasse..... { de la baleine en Laponie........................ 1,130,000 francs.
du phoque.................................. 1,040,000
du bottlenose.............................. 500,000

Pêche du squale dans le Finmarken, armements de Hammerfest, Vardö et Tromsö dans l'Océan Glacial........................... 550,000

VALEURS EXPORTÉES.

(En milliers de francs.)

NATURE DES PÊCHES.	1887.	1886.	1885.
Hareng... printanier	1,123	210	857
Hareng... gras et autre, salé	12,456	13,159	10,433
Hareng... saur	326	163	81
Anchois	484	400	442
Poissons secs	8,172	7,482	7,115
Morue salée et séchée	19,345	14,983	16,454
Autre poisson salé	1,063	1,187	800
Huile de poisson	6,412	7,140	7,262
Rogue	1,755	1,480	1,731
Guano de poisson	891	1,383	1,325
Tripes de poisson	27	35	26
Farine de poisson	4	1	1
Saumon frais	1,186	945	1,089
Maquereau frais	269	533	554
Hareng frais	952	1,656	616
Autres poissons frais	483	501	495
Saumon boucané	8	3	1
Homard	617	719	557
Total	55,573	//	//

STATISTIQUE DE LA PÊCHE EN NORVÈGE.

(Chiffres communiqués par le Consul général de Suède et de Norvège à Anvers.)

ANNÉES.	NOMBRE DE MORUES et baleines pêchées.	VALEUR EN FRANCS.
PRODUIT DE LA PÊCHE DE LA MORUE.		
1884	50,435,000	21,750,000
1885	58,798,000	15,416,000
1886	63,000,000	17,600,000
PRODUIT DE LA PÊCHE DE LA BALEINE.		
1885	1,269	1,700,000
1886	884	700,000

GUANO DE POISSON.

En 1887, la Norvège a exporté 12,000 tonnes de guano de poisson d'une valeur de 2,160,000 francs.

ESPAGNE.

La Société commerciale d'importation et d'exportation à Leguertio (Biscaye) fabrique principalement des conserves de sardines et de thon en boîtes et des anchois en saumure et à l'huile.

Voici quels sont en quelques mots les modes de fabrication employés :

Sardines. — Le poisson reçu est immédiatement étêté et vidé; on le soumet pendant un temps qui varie suivant la grosseur du poisson à la trempe dans un bain de saumure; on le lave et on le sèche ensuite, puis on le frit, soit dans l'appareil à vapeur Foucher et Delaharpe, soit à feu nu, dans des huiles d'olive pures qu'on renouvelle quand on le juge nécessaire afin que le poisson conserve sa blancheur et ait un goût agréable. Après refroidissement on met les sardines en boîtes, on fait égoutter, on remplit d'huile d'olive pure, on le soude et on soumet les boîtes à l'ébullition pour les stériliser. Celle-ci dure de cinquante minutes à deux heures et demie suivant la grandeur des boîtes. Au sortir du bain on les examine et on les nettoie, et quand elles sont refroidies on les met en caisses après leur avoir fait subir un nouvel examen.

Thon. — Le thon est pris au sortir du bateau et immédiatement coupé en tronçons de quinze à vingt centimètres. On le sale pendant dix heures, puis on le fait cuire à l'eau saumurée en séparant les diverses couches au moyen de diaphragmes de manière que le poisson ne s'émiette pas pendant l'ébullition.

Il est mis ensuite sur des claies spéciales où on le laisse sécher jusqu'à ce que la chair soit devenue assez résistante pour pouvoir passer à un atelier spécial où elle doit subir un nettoyage très scrupuleux.

A la suite de celui-ci on la découpe pour la mise en boîte. Les gros morceaux entiers forment les boîtes de 10, 5, 3 et 2 kilogrammes, et les morceaux découpés servent à remplir les boîtes de : un kilogramme, un demi-kilogramme, un quart de kilogramme et un huitième de kilogramme; on remplit d'huile d'olive, on soude et on stérilise comme pour la sardine.

Anchois. — L'anchois destiné aux salaisons doit être travaillé aussi rapidement que la sardine. Reçu, il est étêté, non au couteau, mais à la main et en lui conservant les barbettes, vidé et mis en barils, en couches séparées par du sel rose ou blanc suivant la demande du consommateur. Le poisson ayant fait son déchet, une partie de la saumure est rejetée et le baril rempli de nouveau. Cette opération se renouvelle jusqu'à trois fois avant qu'on puisse foncer le baril. Pour la préparation à la française chaque couche est légèrement pressée, tandis que la préparation à l'italienne, le poisson doit être très pressé et former une masse compacte. Pour le marché français on livre l'anchois en barils de 10-12, 16-17, 23-25, 26-27, 42-45, 60-65, 150-160 kilogrammes.

Pour le marché italien, en barils de 60-65, 120-150 kilogrammes.

PORTUGAL.

Le Portugal fait beaucoup de conserves de poissons. Nous avons dit que c'était notre concurrent dans la fabrication des conserves de sardines; beaucoup de produits portugais sont présentés avec une étiquette française et nous font concurrence sur nos propres marchés.

RUSSIE.

On sait que l'un des principaux produits de l'industrie de la pêche est le caviar préparé avec les œufs de l'esturgeon. Parmi les exposants, la maison Piloeff, à Tiflis, possède les plus grandes pêcheries de la Russie. Elle occupe 3,000 ouvriers de pêche; et produit annuellement pour une valeur de 4 millions 1/2 de francs 780,000 esturgeons, d'où l'on tire le caviar, et 300,000 poissons divers, qui sont salés.

La production du caviar est de 350,000 kilogr. dont le prix varie de 50 à 70 roubles par 16 kilogrammes.

La pêche a lieu toute l'année sauf dans les mois de juin et de juillet. Mais c'est au printemps (mars et avril) que la pêche donne les résultats les plus favorables. On prend alors jusqu'à 20,000 esturgeons par jour.

Le caviar se vend à Moscou, Saint-Pétersbourg et aussi dans le restant de la Russie et à l'étranger.

ROUMANIE.

La Roumanie a exposé des conserves de «tiri», poissons à l'huile et aux aromates.

M. Guzman à Salvador, prépare des œufs de tortue et des huîtres desséchées.

M. Matzumoto expose dans les galeries du Japon des huîtres, homards et divers poissons conservés.

DANEMARK.

Le Danemark pays important de pêche a fait des envois intéressants; nous y remarquons en premier lieu, un modèle de wagon pour le transport du poisson frais. Ces wagons refroidis par la glace, sont utilisés maintenant d'une manière assez courante.

Un certain nombre d'exposants présentent des échantillons de morue. Parmi les plus belles citons celles de Bech Jorgen, à Copenhague. MM. Bech et Sonner, à Kjebenhavn, pratiquent la pêche de la morue dans les îles Feroé où quarante hommes surveillent la préparation du poisson.

La maison Lampe, à Copenhague, a envoyé de la muluche sèche Beldahl. Parmi les envois de M. Fredricksen, il y a de bons échantillons de saumon fumé. Cette maison possède cinq bateaux pêcheurs. Ces bateaux alimentent du produit de leur pêche 21 grands réservoirs (12 mètres de long sur 4 mètres de large et 1 m. 50 de profondeur) percés de trous et amarrés en pleine mer; de cette manière on peut avoir toute l'année des poissons vivants.

Enfin, la maison Brandt, à Copenhague, expose notamment des boîtes de crevettes et d'écrevisses conservées.

CHAPITRE III.

CONSERVES DE LÉGUMES.

La fabrication des conserves de légumes correspond à un besoin hygiénique : nous permettre, en toutes saisons, d'équilibrer, dans notre nourriture les aliments végétaux et animaux. La conserve est d'autant plus parfaite, que, comme il arrive aujourd'hui, elle donne un produit se rapprochant le plus possible du végétal naturel.

Parmi les légumes, il en est qui se conservent d'eux-mêmes plusieurs mois après leur récolte, tels sont les tubercules, les oignons, les racines. Il en est d'autres, au contraire qui se fanent et s'altèrent promptement; ce sont les légumes verts dont les feuilles ou les tiges sont comestibles.

Tous les légumes cependant, presque sans aucune exception donnent lieu à des industries de conservation. L'industrie des conserves de légumes est aujourd'hui très importante et le mouvement commercial qui en résulte est considérable.

Nous examinerons les différents produits qui ont figuré à l'Exposition en les classant d'après les procédés qui ont servi à leur préparation.

I

LÉGUMES CONSERVÉS PAR DESSICCATION.

Le nom de *légumes secs* est généralement réservé aux graines des diverses plantes appartenant à la famille des légumineuses et notamment aux haricots, pois et lentilles.

Ces légumes ne donnent lieu à aucune industrie de conservation proprement dite. Ne contenant qu'une très faible quantité d'eau de végétation, il suffit pour les sécher de les placer dans des locaux secs et aérés. L'industrie des légumes secs est une industrie de triage, de nettoyage, de cassage et de mouture.

La maison Lapostolet et Certeux qui occupe le premier rang dans l'industrie des légumes secs et des riz présente à cet égard quelques observations relatives au cassage des pois et au nettoyage des légumes.

Les pois qui sont expédiés du pays de production ont à subir avant le cassage, un travail de division qui les classe par catégories de grosseur, tout en extrayant les matières étrangères, telles que pierres, terre et graines de toutes sortes, puis un étuvage de plusieurs heures, variant de 50 à 60 degrés; les étuves pour ce travail mesurent environ 150 mètres carrés et étuvent à la fois 150 hectolitres par douze heures.

Après cette opération, les pois sont retirés de la touraille et passent dans des moulins spéciaux dont les meules sont disposées de telle sorte que le pois s'y casse en deux parties égales, rejetant d'un côté la cosse légère que le tarare enlève et, d'un autre, les grugeons et la farine que, malgré la perfection d'un montage dans le moulin, on ne peut complétement éviter. Ces issues sont très appréciées par les agriculteurs pour la nourriture des bestiaux.

Le pois une fois cassé et épuré de ses déchets, subit une friction lente et douce qui lui rend sa couleur verte primitive et son lustre; c'est dans cet état qu'il est livré à la consommation.

La lentille et le haricot arrivent aujourd'hui en majeure partie de l'étranger; la lentille principalement de Moravie et de Bohême; le haricot, de Trieste et du Nord de l'Italie. Ces légumes secs arrivent généralement très beaux, bien taillés et de bonne qualité.

Les farines de légumes secs sont préparées avec soin par un assez grand nombre de maisons dont nous citerons les principales : Groult, Prevet, Chapu, Bloch, etc. Pour préparer ces farines avec tous les soins désirables, il faut faire cuire, au préalable les légumes de manière à en faire disparaître l'âcreté naturelle sans en modifier la composition chimique au point de vue de la valeur nutritive.

Parmi les légumes secs qui figuraient à l'exposition nous citerons les nombreux spécimens de pois chiches de l'Algérie (maisons Decrion, Frendo), les légumes secs de la Commission du Chili, à Santiago, ceux de l'exposition collective des États-Unis, ceux de la *Quinta agronomica* (République Argentine) et enfin la collection de légumes secs présentés par le Japon; parmi ces derniers figuraient un grand nombre de spécimens de *sojas.*

Dans le pavillon de la Bolivie on remarquait un légume sec particulier désigné sous le nom de *chuño.*

Les chuños sont des sortes de pomme de terre, qui poussent en grande quantité à l'état sauvage. On en distingue un assez grand nombre de variétés différant entre elles par leur couleur, leur forme et leur grosseur; mais on distingue principalement les chuños blancs et les chuños noirs. Ces derniers sont de couleur grisâtre.

Voici comment on opère pour les conserver :

Après les avoir recueillis, on les presse entre des toiles, en les piétinant, de manière à extraire la majeure partie du suc dont le goût est amer, et qui, de plus empêcherait la conservation. On les étend ensuite sur le sol de plateaux très élevés où ils se dessèchent.

On sait que lorsque nos pommes de terre indigènes sont soumises à la gelée elles ne peuvent ensuite que difficilement se consommer et qu'elles pourrissent facilement. On doit donc attribuer la conservation des tubercules farineux désignés en Bolivie sous le nom de *chuño* : 1° à la pressuration qui en extrait la majorité du jus; 2° à la dessiccation sous l'action simultanée du vide partiel et du froid.

Pour consommer le chuño on fait d'abord macérer les tubercules secs dans l'eau pendant vingt-quatre à quarante-huit heures. Ils se gonflent considérablement; on les presse légèrement entre les mains de façon à les dégorger un peu, ce qui leur donne plus de consistance, et achève d'enlever les sucs amers.

La province de Cochabamba est une de celles qui produisent le plus de chuños.

Ce mets bolivien n'avait pas encore été signalé en Europe.

Par opposition au nom de *légumes secs* donné aux graines des plantes légumineuses on appelle *légumes desséchés* ceux qui ont nécessité pour leur dessiccation l'emploi de procédés industriels.

Les premiers essais de conservation des légumes potagers par la dessiccation remontent à 1845 et furent faits par M. Masson.

Un rapport fait le 4 janvier 1846 à la Société d'horticulture de Paris par une commission composée de MM. Audot, Rendu, L. Vilmorin, Deslongchamps, Poiteau s'exprimait ainsi : «Le résultat obtenu par M. Masson paraît à votre commission digne d'intérêt; il ouvre à l'industrie, à l'économie domestique et rurale, le moyen de préparer et de conserver une grande quantité de nourriture sous un petit volume. Les légumes, réunissant la propriété de nourrir à celle d'être *antiscorbutiques*, seraient d'un concours précieux pour l'équipage des navires, dans les voyages au long cours; sous ce point de vue, votre Commission a l'honneur de vous proposer que le présent rapport soit adressé à M. le Ministre de la marine et des colonies, de le renvoyer à la Commission des médailles et de le faire insérer dans vos annales.»

M. Masson continua ses essais et chercha, avec l'aide de M. Morel-Fatio, des procédés industriels de fabrication. Les résultats répondirent à ses efforts; une usine fut créée à Paris, rue Marbeuf, en 1848, et, le 12 septembre 1850, l'exploitation de ces nouveaux produits fut confiée à une société, qui se fonda sous le nom de *Société Chollet et Cie*.

Ces nouveaux produits furent présentés à M. le Ministre de la marine, qui les fit expérimenter à diverses reprises. Les rapports furent tous favorables et conclurent unanimement :

«Que les légumes potagers peuvent être desséchés, puis réduits à un petit volume par une compression hydraulique, sans que leurs qualités soient détruites;

«Qu'ils reprennent, dans l'eau et par la cuisson, le volume et toutes les qualités des légumes frais, et qu'une fois cuits et assaisonnés, ils sont tendres, d'une saveur agréable, et forment un mets parfait qui ne présente aucune différence appréciable avec celui qu'on préparerait avec des légumes frais.»

Au cours de ses premiers essais, M. Masson avait envoyé à M. le préfet maritime à Brest, en janvier 1847, une caisse de choux desséchés pour être déposée à bord de *l'Astrolabe* pendant sa station dans la Plata. Cette caisse, revenue en janvier 1851, fut soumise à la Commission des vivres, composée de : MM. de Gourdon, capitaine de vaisseau, *président;* Dubernard, capitaine de frégate; Dufour de Montlouis, capitaine de frégate; Senard, chirurgien de première classe; Lemarchand, sous-commissaire, *secrétaire*.

La Commission fit trois épreuves successives et déclara : «Que le procédé de M. Masson réussit à conserver pendant quatre ans le légume desséché, s'il est renfermé dans une caisse de métal hermétiquement close, puisque dans chacune des expériences le chou desséché et cuit n'avait, bien que datant de quatre ans, guère présenté de différence appréciable avec le chou frais».

Vers cette époque, le célèbre chimiste PAYEN, rappelant les expériences faites au Ministère de la marine, adressait des rapports sur la dessiccation des légumes à la Société centrale d'Horticulture de France et à l'Académie des sciences.

Il y qualifiait de *remarquable* l'invention de M. Masson, décrivait l'usine de la rue Marbeuf, qu'il avait visitée, et déclarait : «que les légumes desséchés conservent les principales qualités des légumes frais, puisqu'ils sont desséchés à une température qui ne dépasse pas 40 degrés centigrades. Jusque-là, en effet, ajoute-t-il, les sucs des plantes ne se coagulent pas: ils peuvent donc reprendre l'eau qui vient les dissoudre et assouplir les tissus. Dès lors, la coction produit des effets analogues à ceux qu'on observe sur des plantes fraîches. La saveur et l'arome agréables sont à peine modifiés.

«C'est après de longues et persévérantes recherches que M. Masson est parvenu à des procédés simples et tout à fait manufacturiers pour conserver, par la dessiccation, les substances végétales, et notamment les légumes, sans en altérer la constitution et à les réduire à un très petit volume sans qu'elles perdent leur saveur et leurs qualités nutritives. La dessiccation prive les substances végétales de l'eau surabondante qui n'est pas indispensable à leur constitution et qui, pour certains végétaux comme les choux, les racines, s'élève à plus de 90 p. 100 de leur poids, à l'état frais. La compression réduit le volume, augmente la densité, la porte à celle du bois, et facilite ainsi la conservation, l'arrimage et le transport de ces substances.

«Ainsi, cette nouvelle industrie accumule et emmagasine pour longtemps, au profit des populations et de toutes les classes de consommateurs, une grande variété de denrées alimentaires qui, dans l'état ordinaire des choses, étaient d'une conservation et d'un transport très difficiles; en outre, par là, elle offrira une ressource à l'horticulture. Sous ces deux points de vue, elle mérite donc toutes vos sympathies, lors même que nous n'aurions pas à rappeler que des rapports authentiques de la marine constatent que cette découverte, en permettant l'approvisionnement des navires en légumes potagers, supprime naturellement ou diminue au moins de beaucoup les ravages que le scorbut fait parmi les marins.

«En résumé, votre Commission a l'honneur de vous proposer de féliciter M. Masson de la perfection à laquelle il a pu amener ses procédés, ainsi que MM. Chollet et Cie de la bonne installation de leur usine et de la qualité des produits qu'on y prépare, et de renvoyer le présent rapport à la Commission des médailles qui jugera, sans doute, devoir décerner, dans cette circonstance, l'une des plus hautes récompenses dont elle pourra disposer.»

IMPRIMERIE NATIONALE.

Les légumes desséchés figurèrent pour la première fois à l'Exposition universelle qui eut lieu à Londres en 1851. A l'unanimité et sans discussion, ils obtinrent la plus haute récompense. L'inventeur fut nommé chevalier de la Légion d'honneur, et M. Payen qui, avec toute son autorité, représentait la France au jury, écrivait :

«L'avis unanime de toutes les commissions scientifiques et administratives, comme les délibérations parfaitement concordantes de l'Académie des sciences, de la Société d'Agriculture, de la Société d'Horticulture de Paris et Centrale de France, et enfin du grand jury international de Londres, équivalent à une enquête des plus solennelles parmi les hommes les plus compétents.

«Pas une voix dissidente ne s'est fait entendre et, comme pour consacrer par un témoignage encore plus élevé le grand service rendu et proclamé sans conteste à la face des nations reconnaissantes, le Chef de l'État, au nom de la France, a décoré de sa main l'inventeur du procédé industriel de conservation par la dessiccation des substances végétales alimentaires.»

Enfin, l'Académie des sciences, dans sa séance du 22 mars 1852, décerna le prix Montyon à M. Masson, sur le rapport d'une commission composée de nos plus grands chimistes, MM. Dumas, Chevreul, Payen, Regnault et Pelouse.

Ces éminents académiciens constataient une fois de plus «que les légumes conservés par les procédés de dessiccation inventés par M. Masson gardent, avec la saveur, toutes les qualités nutritives et hygiéniques des légumes frais, que leur usage a, en particulier, la plus salutaire influence sur la santé des soldats et des marins si cruellement décimés par le scorbut».

Un aliment de conserve qui se trouvait ainsi patronné par des savants d'une autorité incontestée et qui était signalé par l'Académie des sciences comme devant réaliser un grand progrès dans l'alimentation et, par suite, dans la santé des équipages, ne pouvait manquer de préoccuper M. le Ministre de la marine.

Une commission spéciale fut nommée pour expérimenter les légumes desséchés au point de vue pratique et examiner les meilleures conditions et proportions dans lesquelles il conviendrait de les consommer.

Cette commission était composé de : MM. Quoy, inspecteur général du service de santé; Bouet-Willaumez, capitaine de vaisseau; Villemain, capitaine de frégate; Quéquet, chef du bureau de la solde; Thibault, chef du bureau des subsistances; Aiguillé, chef de bureau des approvisionnements des colonies; Ballot-Beaupré, inspecteur adjoint; Le Marchand, sous-commissaire, rapporteur.

Nommée en 1851, cette commission fit de longues et nombreuses expériences, examina la question sous tous les points de vue, se tint constamment en relations avec les fabricants, et enfin, le 26 février 1853, adressa un rapport à M. le Ministre de la marine dans lequel elle déclarait que «toutes les expérimentations, au point de vue de la conservation et de l'alimentation, avaient donné des résultats si satisfaisants, qu'elle était d'avis de décider que les légumes desséchés feraient dorénavant partie de la nourriture des équipages, même s'il eût dû en résulter un surcroît de dépense,» et elle ajoutait «qu'ayant fait part aux fabricants de ses craintes que le prix élevé de 3 francs le kilogramme ne permît d'en faire usage que dans de faibles proportions, elle était heureuse d'avoir obtenu l'assurance que s'ils étaient assurés d'une fourniture régulière et suivie, les fabricants se contenteraient d'un très petit bénéfice, pourraient fabriquer plus économiquement et réduiraient sensiblement leur prix».

Le Ministre de la marine adopta les conclusions du rapport de la commission et décida que la Julienne ou Mélange d'équipage entrerait dans la composition d'un certain nombre de repas par semaine à bord de tous les navires et vaisseaux de l'État, et que, en outre, il en serait entretenu un approvisionnement en permanence dans chacun des ports militaires.

Le Ministre prescrivait en même temps qu'après la première année de mise en pratique, des rapports lui soient adressés par les amiraux commandant les escadres.

Ces rapports furent plus concluants encore que celui de la commission spéciale, et le 8 octobre 1854, M. le vice-amiral Hamelin, commandant en chef l'escadre de la Méditerranée, écrivait au Ministre :

«Ces légumes ont été accueillis avec satisfaction par tous nos équipages; leur influence au point de vue de la santé n'a pas tardé à se manifester. Nous nous trouvions menacés par une épidémie de scorbut; mais depuis que l'usage de ces légumes est généralisé, l'amélioration se prononce; le boursouflement, les ulcérations des gencives disparaissent et un mieux sensible peut se constater dès aujourd'hui.

«Depuis le dernier envoi, le nombre de nos rationnaires a doublé; d'un autre côté, la saison avance et bientôt nous privera des légumes verts que nous ne nous procurons qu'avec d'extrêmes difficultés. C'est vous dire, Monsieur le Ministre, combien un nouvel envoi serait opportun. Vous nous conserverez intacts des équipages qui n'ont que trop souffert déjà, et vous attacherez votre nom à un des progrès les plus notables qui aient été apportés à l'alimentation de la flotte.»

M. le Ministre de la guerre avait, comme son collègue de la marine, reçu communication des rapports de l'Académie des sciences sur les propriétés des légumes desséchés, et il nomma, le 30 août 1852, une commission composée de : MM. René-Dufour, sous-intendant; Dieu, pharmacien principal; Marmy, Arondel, Joussain, médecins majors, et la chargea d'examiner ces légumes au point de vue de l'alimentation des troupes vivant à l'ordinaire et des soldats blessés ou malades et soignés dans les ambulances et hôpitaux militaires.

Après s'être livrée à des expériences répétées dans le courant de l'année 1853, la commission conclut que «l'usage de ces légumes procurerait une amélioration notable dans le bien-être des malades, et que pour l'ordinaire du soldat en campagne, ils constitueraient un progrès qui ne serait pas à négliger. Ils apporteraient dans beaucoup de circonstances, et particulièrement dans les expéditions de longue durée, une incontestable amélioration à l'hygiène de la troupe et à son alimentation.»

M. le Ministre de la guerre adopta les conclusions du rapport de la commission, et, dès 1853, un premier envoi de Julienne de troupe fut fait à l'armée d'Afrique.

MM. Prevet, qui prirent la suite des affaires de la Société Chollet, ne cessèrent depuis de perfectionner la fabrication des *légumes desséchés*. Leur maison qui avait obtenu deux médailles d'or dès la première Exposition de Paris en 1855 ne cessa de remporter les plus hautes récompenses dans toutes les expositions. Il n'est pas un explorateur qui n'ait emporté des légumes Chollet-Prevet et n'ait fait pénétrer ce produit français dans les contrées les plus éloignées.

MM. Prevet qui ont centralisé à Meaux leur industrie de la dessiccation des légumes y ont développé la culture maraîchère et travaillent annuellement environ 10 millions de kilogrammes de légumes frais. Pour traiter ainsi de pareilles quantités de légumes il a fallu imaginer et grouper des moyens mécaniques considérables.

II

LÉGUMES CONSERVÉS PAR LE PROCÉDÉ APPERT.

Nous ne reviendrons pas sur l'invention de Nicolas Appert si grande par ses conséquences pratiques. Nous avons décrit le procédé dans notre préface et consacré les premières pages de ce rapport à retracer la vie d'Appert. C'était un devoir en constatant l'immense développement de l'industrie des conserves dans tous les pays de payer un juste tribut de reconnaissance à l'homme qui avait découvert ce moyen de préserver les substances alimentaires.

Le procédé Appert est exploité sur une très grande échelle presque universellement; on peut dire qu'il est le mode principal de conservation des légumes.

Les industriels qui emploient le procédé Appert ne se bornent cependant pas généralement à conserver des légumes; la plupart fabriquent en même temps des conserves de poissons et de viande; nous les citerons indifféremment au sujet de l'une ou de l'autre de ces conserves pour éviter des répétitions oiseuses.

L'industrie des conserves alimentaires par le procédé Appert a atteint en France une grande perfection. Non seulement les produits obtenus sont très bons, gardent autant que possible les qualités des légumes frais, mais en outre la fabrication en est des mieux réglées et on s'est aussi ingénié à trouver des vases d'une forme commode et d'une ouverture facile. Nous nous occuperons spécialement dans un chapitre placé à la fin de ce rapport de cette question du flaconnage des conserves, qui a fait d'intéressants progrès depuis 1878.

Les conserves faites en France ont paru au jury beaucoup mieux soignées et très supérieures dans leur ensemble à celles que présentaient les autres nations.

Parmi les produits français qui présentaient la plus grande perfection, nous citerons ceux qui ont été exposés par les maisons Röder, de Bordeaux, Dumagnou, de Paris,

Chevalier, de Puteaux, Félix Potin, Chevallier-Appert, Amieux, Fontaine, Lasson et Legrand, Marquet, Olizille, Pellier, Saupiquet, de Paris. Ces maisons fabriquent également très bien légumes, fruits, viandes, gibiers, truffes, etc.

Citons les maisons Dandicolle et Gaudin de Bordeaux pour l'importance de sa production, Grosse et Cahen de Paris pour leur spécialité de champignons, et les maisons Wenceslas-Chancerelle, Dumoutier, Jacquier, Lebreton et Früh, Lecourt, Lehucher, Louit, Nouvialle, Petitjean et Desmarais, Reynaud, Risch et Cheminant, Roulland.

La fabication annuelle de toutes ces maisons varie d'un million à deux millions de boîtes.

La Belgique, qui a importé cette industrie de France, fabrique maintenant une assez grande quantité de conserves alimentaires.

Les maisons principales sont les maisons Buquet et Agniez qui fabriquent de 200,000 à 500,000 boîtes de conserves de légumes.

Les aspergeries de Brockryck (Limbourg belge), dirigées par MM. Herman de Favereau et docteur Theyskens, sont très dignes d'intérêt. Elles occupent 350 ouvriers et exploitent 88 hectares de culture. Les asperges sont coupées avant de sortir de terre, ce qui peut se reconnaître aisément, les bouts étant blancs. Elles paraissent plus lourdes que les asperges françaises.

On compte aux États-Unis 1,700 fabriques de conserves.

En Italie, on doit signaler la fabrication des conserves de tomates.

En Russie, la maison Vikhareff, à Saint-Pétersbourg, présente des conserves de tomates bien préparées.

En Suisse, on doit citer la maison Vellino.

REVERDISSAGE DES LÉGUMES.

La conservation des légumes par le procédé Appert comprend deux phases principales :

Le *blanchissage*, première phase, consiste à faire subir une légère cuisson aux légumes, puis à les plonger brusquement dans l'eau froide.

L'*ébullition* ou *stérilisation*, seconde phase, consiste à chauffer les légumes enfermés dans les boîtes à une température d'environ 110° obtenue dans des autoclaves.

C'est pendant cette dernière opération que la chlorophylle est détruite et que le légume conservé prend la teinte jaune-verdâtre que tout le monde connaît.

Pour éviter cet inconvénient, on a proposé de reverdir les légumes au moyen de sulfate de cuivre. Ce sel, ajouté à petite dose dans l'eau employée pour le blanchissage, se fixe sur le légume et lui donne une coloration vert-foncé plus bleutée que celle du légume naturel.

Mais ce procédé, critiqué par divers savants, avait été rejeté par le Comité consultatif d'hygiène de France, et son emploi défendu par un règlement.

A la suite d'un nouveau rapport de M. Grimaux concluant à la parfaite innocuité de cette faible addition de sulfate de cuivre, cette pratique vient d'être légalement admise et la précédente ordonnance retirée.

Il est néanmoins intéressant d'examiner les procédés qui ont surgi depuis 1878, et par lesquels on a tenté de remplacer ce mode de reverdissage. Un seul est réellement intéressant, c'est aussi le seul que nous puissions examiner avec pièces à l'appui : c'est le procédé à la chlorophylle.

Un exposant, M. Vernet, à Orléans, a présenté un procédé de reverdissage basé, dit-il, sur la reconstitution de la chlorophylle. La couleur verte apparaît quand on ouvre les boîtes. Mais nous ne pouvons juger ce procédé, aucun renseignement n'ayant été fourni par l'auteur qui désire garder le secret. En tous cas, la couleur que prend le légume est d'un vert-grisâtre qui ne rappelle pas exactement la belle couleur verte du légume frais.

M. Lecourt, à Sèvres, et M. Lehucher, à Paris, exploitent le procédé de reverdissage à la chlorophylle et présentent :

1° Légumes au naturel non reverdis;

2° Légumes à l'anglaise reverdis au sulfate de cuivre;

3° Légumes reverdis à la chlorophylle.

Le procédé de reverdissage à la chlorophylle employé par la maison Lecourt est dû à M. A. Guillemare.

Il est d'une application aussi simple que le sulfate de cuivre, et n'occasionne pas une dépense beaucoup plus grande.

M. A. Guillemare, dans une note présentée à l'Académie des sciences le 9 avril 1877, donne les indications suivantes sur son procédé de «Substitution de la chlorophylle aux sels de cuivre employés ordinairement dans la préparation et la conservation des fruits et légumes verts» (*Comptes rendus,* 1877, p. 685).

Ce procédé est basé sur les faits suivants :

1° La chlorophylle du légume disparaît par l'ébullition, d'une façon d'autant plus rapide et plus complète, qu'elle s'y trouve en faible quantité:

2° La fibre végétale du légume, la matière féculente qu'elle renferme, mises pendant le blanchissage en contact avec de la chlorophylle solubilisée, s'en saturent vers 100°;

3° Les légumes à demi ou complètement saturés de chlorophylle pendant l'opération du blanchissage, conservent et retiennent désormais pendant l'ébullition cette belle matière verte.

La chlorophylle se prépare de la manière suivante :

On traite des épinards ou des feuilles de légumineuses par des lessives de soude caustique. La liqueur obtenue donne avec l'alun ordinaire une laque de chlorophylle qu'on lave soigneusement pour la débarrasser du sulfate de soude. Pour rendre la laque soluble, on la traite par une solution de phosphate de soude, on a ainsi une liqueur contenant de la chlorophylle, de l'alumine et du phosphate de soude. On l'ajoute au blanchissage; elle cède la chlorophylle au légume qui en retient d'autant plus que le contact est plus prolongé.

La mise en boîte et l'ébullition se font ensuite de la façon ordinaire.

MM. Guillemare et Lecourt présentèrent en même temps des flacons contenant des petits pois reverdis à la chlorophylle et stérilisés à 117°. Ils avaient une belle couleur verte.

M. Personne, dans la séance du 25 octobre 1878 à la Société d'encouragement pour l'industrie nationale, fit un rapport sur le procédé Lecourt et Guillemare.

Suivant M. Personne, le procédé de reverdissage des légumes au moyen du sulfate ou de l'acétate de cuivre présente les inconvénients suivants :

1° Il communique le plus souvent aux légumes une saveur plus ou moins âcre;

2° Il tache le métal des boîtes qui les renferment en les colorant soit en rouge-brun, soit en noir, suivant qu'on a employé le sulfate ou l'acétate;

3° La couleur des légumes n'est pas franchement verte, elle tire plutôt sur le bleu que sur le vert.

De plus, les sels de cuivre étant à cette époque considérés comme vénéneux et interdits par les règlements d'hygiène, M. Personne estimait que le procédé de reverdissage à la chlorophylle constituait un progrès important.

Dans un autre rapport de MM. Wurtz, Gavarret et Bussy, le procédé d'application de la chlorophylle indiqué comme se pratiquant industriellement diffère du procédé ci-dessus. Il consiste à faire le blanchissage des légumes dans de l'eau bouillante préalablement acidulée par l'acide chlorhydrique, et dans laquelle on verse la solution alcaline de chlorophylle obtenue par le traitement à la soude des épinards et des feuilles de légumineuses. Il se produit du sel marin et la matière colorante, devenue libre, se dépose sur les tissus organiques des légumes. Quelques lavages enlèvent l'excès de sel produit. Les conclusions de la commission approuvent pleinement l'emploi de la chlorophylle.

La difficulté dans l'emploi du procédé de reverdissage à la chlorophylle, réside dans le dosage. Une quantité un peu trop grande dénature le goût des légumes.

En somme, ces divers procédés de reverdissage par le sulfate de cuivre ou la chlorophylle, ne sont utilisés par les fabricants que pour répondre aux exigences mal fondées des consommateurs.

Les connaisseurs doivent s'attacher beaucoup moins à la couleur qu'à la qualité et à la saveur du légume conservé.

TRUFFES.

Nous avons réservé une place spéciale à ce produit, qui se conserve également par le procédé Appert, la façon dont il est représenté dans la section française nous ayant paru pleine d'intérêt.

Il y a une cinquantaine d'années, la truffe de Bourgogne jouissait dans notre pays d'une grande réputation, elle fut peu à peu délaissée pour la truffe du Périgord, et c'est maintenant ce dernier pays qui est le centre de cette intéressante industrie.

La truffe du Périgord est notamment fournie par l'arrondissement de Sarlat. On exploite aussi maintenant sur une vaste échelle, une variété de truffes qui se récolte à Martel, dans la Corrèze, et qui porte le nom de *truffe Martel.*

Elle est d'une belle couleur noire et d'une grosseur dépassant la moyenne, possède un goût exquis et une grande finesse.

Les principaux marchés de truffes sont : Périgueux (Dordogne), Martel (Corrèze) et Basch (Lot).

La maison Bouton et Henras établie autrefois dans la Bourgogne, à Montigny-sur-Aube (Côte-d'Or), et maintenant à Périgueux, a réalisé de très beaux progrès. Nous donnerons une idée de son importance en disant qu'elle a acheté en 1888 90,000 kilogrammes de truffes d'une valeur de 565,000 francs. Son usine renferme des machines spéciales pour le brossage et le pelage des truffes.

Deux bocaux exposés renferment : l'un le spécimen du travail obtenu par la machine à brosser la truffe; l'autre, par la machine à peler, qui toutes deux sont la propriété de la maison.

La maison Chambon, à Souillac (Lot), exploite principalement la truffe Martel.

La maison Bernard, à Carpentras, expose des conserves de truffes dont le parfum est, dit-on, décuplé par l'essence de truffe. Cette conserve est préparée par le procédé suivant, qui a pour but de conserver le plus possible l'arome.

On fait subir à la truffe une première ébullition dans des bidons entièrement soudés et fermés, et non dans des boîtes à vis, puis, on laisse refroidir et on ne défait que pour mettre en flacons plusieurs jours après.

III

LÉGUMES CONSERVÉS PAR DES SUBSTANCES ANTIFERMENTESCIBLES.

Le principal agent antifermentescible employé pour conserver les légumes est le sel. Nous ne mentionnerons que deux sortes de produits conservés de cette manière : la choucroute et les olives en saumure.

La choucroute se prépare au moyen de choux cabus que l'on hache, auxquels on fait subir un commencement de fermentation, puis qu'on additionne de sel et de genièvre (il faut que la quantité de sel ajouté soit suffisante si l'on veut avoir une conservation efficace).

La choucroute doit uniquement se fabriquer avec les feuilles du chou. Quelques fabricants exploitent des brevets permettant de couper et d'utiliser les trognons. Mais ceux-ci doivent être écartés de la fabrication parce qu'ils ne permettent pas d'assurer une conservation convenable.

L'Allemagne est, comme chacun le sait, la terre classique de la choucroute. L'emploi de cet aliment s'est peu à peu généralisé dans notre pays et, depuis trente ans, la consommation en a été sans cesse croissante. Ainsi, la ville de Paris qui consommait en 1860 à peine 200,000 kilogrammes de choucroute, en a acheté de septembre 1888 à mai 1889, c'est-à-dire en sept mois, plus de 2 millions de kilogrammes.

Le Comptoir de vente de choucroute de Strasbourg formé par la réunion des maisons Rieffet, Baillis et Cie, Krug et Kornmann, fournit une grosse partie de la choucroute consommée en France.

La maison Frick, à Belfort, se sert de rabots à main pour le découpage du chou. Pendant la saison, elle emploie 50 à 60 ouvriers qui peuvent produire 50,000 kilogrammes de choucroute par jour.

En 1877, M. Amieux a introduit dans les environs de Nantes, la culture du chou quintal pour le fabrication de la choucroute. En 1878, 25 hectares produisaient 175,000 choux d'un poids moyen de 3 kilogrammes.

En Belgique, la maison Bertram a apporté deux modifications importantes à la fabrication de la choucroute. En premier lieu, l'emploi d'une meule qui remplace le rabot à main et qui permet de friser 20,000 kilogrammes de choux cabus par jour. Elle remplace aussi les presses ordinaires qui servent généralement à comprimer la choucroute par des ressorts en acier donnant une pression automatique de 10,000 kilogrammes sur chaque citerne. La culture du chou cabus se pratique dans les environs de Bruxelles, et la production annuelle de choucroute est de 1 million de kilogrammes.

Plusieurs maisons en Espagne présentent des olives en saumure dont elles font un commerce très important : la maison Carbo, à Barcelone, la maison Parent, les maisons Carbo Hermann, Lino José de Campos, Porcar y Tio.

Dans l'exposition grecque plusieurs exposants présentent également des olives de belle qualité, la Commission des Olympies, la maison Rallis.

CHAPITRE IV.

CONSERVES DE FRUITS.

De même que pour les légumes, l'un des principaux modes de conservation des fruits est le procédé Appert.

On a rencontré là plus de difficultés qu'avec les légumes proprement dits parce que ce qu'il faut surtout conserver c'est une chose délicate et fugace, le parfum du fruit.

Le procédé par dessiccation est aussi d'une grande importance. Les principaux fruits secs sont les raisins, les prunes, les figues, les dattes, etc. Rentrent aussi dans cette catégorie les pâtes de fruits desséchées.

Les fruits secs sont représentés à l'Exposition d'une manière remarquable. Il faut signaler d'abord les envois, presque tous très supérieurs, des raisins secs de Grèce.

L'industrie des pruneaux est représentée largement en France et en Serbie.

Quant aux dattes, nous n'avons pas à nous en occuper ici, ces fruits ont été jugés dans la classe 72.

La conservation des fruits par enrobage dans le sucre forme les produits de la confiserie jugés dans la classe 72. Le sucre empêche le contact de l'air à haute dose, empêche la fermentation et peut donc être considéré comme un antifermentescible.

A propos de l'emploi du froid, nous n'avons connaissance d'aucun résultat obtenu.

Des fraises, qui avaient été placées dans une chambre frigorifique à une température de — 13 degrés, ont paru se bien conserver pendant les trois semaines qu'elles sont restées à cette température, mais elles se sont mises en bouillie et ont fermenté dès qu'elles ont été ramenées à la température extérieure.

I

FRUITS CONSERVÉS PAR DESSICCATION.

Nous devons signaler en première ligne les raisins secs.

L'industrie des raisins secs a fait de notables progrès depuis 1878. C'est la Grèce qui est à la tête de cette industrie.

« La Grèce, dit M. Rodocanachi, n'a devant elle que des concurrents qui s'essayent, et partant peu redoutables; elle possède, si je puis dire, l'hégémonie de cette industrie, elle y excelle, et nul ne pourra songer d'ici longtemps à l'y supplanter. Mais elle ne doit pas pour cela mépriser cette concurrence naissante, qui pourra devenir un jour, sinon dangereuse, du moins sérieuse; la culture du raisin se propage, elle s'est acclimatée dans des contrées où rien ne faisait prévoir qu'elle réussirait, tandis que, loin de s'élargir, l'aire de consommation semble devoir se restreindre.»

La culture du raisin s'est développée en Grèce avec une rapidité surprenante.

En 1848, les grandes plaines de l'Élide, en face de Zante, et qui s'étendent de Corinthe à Pyrgos, étaient incultes; aujourd'hui elles sont couvertes de vignobles et fournissent presque tout le petit raisin sec consommé en France et en Angleterre.

Avant la guerre de l'Indépendance, la production annuelle était environ de 5 millions de livres vénitiennes. Après les ravages de la guerre, cette production tomba à 300,000 livres, mais elle s'accrut rapidement. En 1852, la maladie s'abattit sur les vignes et de nouveau la production tomba pour remonter en 1860, lorsqu'on eût trouvé le soufrage qui permit d'arrêter les ravages de l'oïdium. Depuis cette époque, l'accroissement a été presque ininterrompu, ainsi qu'on peut en juger par le tableau suivant extrait d'un ouvrage de M. Burlumis et par le graphique qui le traduit :

PRODUCTION TOTALE ANNUELLE DE LA GRÈCE.

ANNÉES.	TONNES.	ANNÉES.	TONNES.	ANNÉES.	TONNES.
1800	4,000	1865	52,300	1878	100,700
1810	5,510	1866	54,700	1879	92,698
1821	6,000	1867	65,794	1880	91,600
1831	8,000	1868	55,283	1881	124,000
1841	10,000	1869	51,916	1882	109,700
1845	17,000	1870	53,836	1883	114,200
1851	37,000	1871	81,374	1884	133,036
1859	24,000	1872	71,500	1885	113,448
1860	51,750	1873	72,873	1886	129,159
1861	42,800	1874	76,660	1887	127,300
1862	49,600	1875	72,300	1888	158,728
1863	56,800	1876	86,750		
1864	50,600	1877	80.860		

Suivant M. Hanson, la production des raisins secs de Corinthe, en Grèce, était, en 1825, de 2.000 tonnes. Suivant M. Lecomte, elle était de 2.300 tonnes en 1831, et de 6.500 en 1845.

PRODUCTION TOTALE DE LA GRÈCE EN RAISINS SECS.

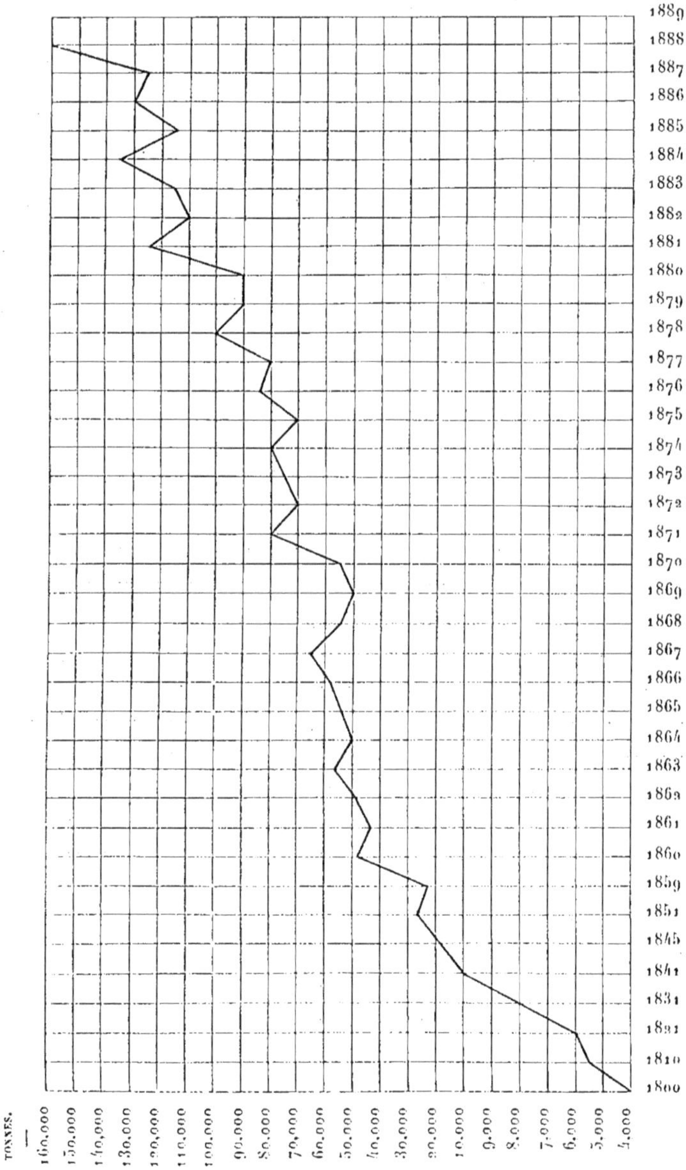

1889
1888
1887
1886
1885
1884
1883
1882
1881
1880
1879
1878
1877
1876
1875
1874
1873
1872
1871
1870
1869
1868
1867
1866
1865
1864
1863
1862
1861
1860
1859
1851
1845
1841
1831
1821
1810
1800

TONNES.
160.000
150.000
140.000
130.000
120.000
110.000
100.000
90.000
80.000
70.000
60.000
50.000
40.000
30.000
20.000
10.000
9.000
8.000
7.000
6.000
5.000
4.000

En 1852, elle serait tombée à 7,500, et en 1854, à 4,000 tonnes.

En 1888, la culture se répartit ainsi par provinces :

	Tonnes.		Tonnes.
Pyrgos	33,000	Report	128,000
Trifyllia	17,000	Corinthe	10,000
Messénie	17,000	Zante	9,500
Patras	16,000	Olympie	7,000
Campos	13,000	Acarnanie	2,500
Pylia	11,000	Itaque	2,000
Voslizza	11,000	Nauplie, Argos, Gythion	1,000
Céphalonie	10,000		
A reporter	128,000	Total	160,000

Morée	139,000
Iles Ioniennes	21,000

VARIÉTÉS, QUALITÉS ET PRIX.

On classe les raisins secs de la Morée en deux catégories ou qualités :

1° Qualités supérieures;

2° Qualités provinciales.

Les raisins secs produits par les îles Ioniennes portent le nom de *fruits des îles.*

Les qualités supérieures sont produites par les trois provinces de Patras, Voslizza (Ægion) et Corinthe, situées toutes trois sur la côte péloponésienne du golfe de Corinthe. La qualité supérieure provenant de l'Ægialie, connue sous le nom de *voslizza,* tient le premier rang. Celle de Corinthe, connue sous le nom de *golfe,* vient ensuite.

Parmi les qualités provinciales, citons les qualités Kyparissia, Filiatra, Gargagliano, provenant de la Tryfilie, qui occupent le premier rang; puis viennent les qualités de Pyrgos et de Campos, etc.

Nous empruntons à M. Burlumis quelques renseignements sur les prix de revient :

« La culture de la vigne, dit-il, se fait nécessairement par les mains; l'emploi de tout outil mécanique étant impossible. Or la main-d'œuvre en Grèce est très chère à cause de la rareté de la population ouvrière et de l'augmentation des terres à cultiver. La dépense moyenne pour la production de 100 kilogrammes de raisins secs de Corinthe s'élève à 35 francs en sacs, sans y comprendre l'intérêt du capital, qui a servi à l'achat du terrain et à la plantation de la vigne. Les qualités supérieures, celles de Voslizza, par exemple, coûtent beaucoup plus cher; par contre, les qualités courantes, comme celles de Calamata, coûtent bien moins cher. Le coût des qualités expédiées en France peut être compté à 30 francs en sacs. »

EXPORTATION, COMMERCE, CONSOMMATION.

L'exportation totale de la Grèce atteint les chiffres suivants :

1875	37,813,000 drachmes.
1881	48,062,000
1882	49,158,000
1887	54,430,000
1888	58,057,840

L'Angleterre est un des débouchés les plus importants; la Grèce y écoule principalement ses qualités supérieures, et l'on sait que la pâtisserie anglaise a comme base principale le raisin sec.

L'Allemagne consomme des raisins secs d'une qualité moins supérieure.

En France les raisins secs sont employés, pour une grande partie au moins, à la fabrication des vins de raisins secs.

Ce sont surtout des fruits de Pyrgos et de Campos qui s'expédient dans notre pays.

Dans les Pays-Bas, ce sont principalement les fruits des îles que l'on achète.

Les expéditions de raisins secs se font en barils (120 kilogrammes) pour l'Amérique, le Canada, l'Allemagne et les Pays-Bas; en caisses (50 à 55 kilogrammes), demi caisses ou quart de caisses ou caissettes (15 à 18 kilogrammes) pour l'Angleterre et ses colonies, et en sacs (90 à 100 kilogrammes) pour la France.

Les droits de douane, prélevés sur 100 kilogrammes de raisins secs, sont :

France	6f 00
Angleterre	17 22
Allemagne	10 00
Italie	10 00
Autriche	30 00
Belgique	26 00
Suède	26 00
Russie	35 63

Voici la consommation universelle par année des raisins secs de toutes provenances :

1879	99,000 tonnes.
1881	105,000
1883	111,000
1885	126,000
1887	135,000
1888	121,000

Le tableau suivant indique la répartition de la récolte grecque entre les différents pays de consommation :

NOMS DES PAYS.	1867.	1870.	1875.	1876.	1877.	1878.	1879.	1880.	1881.	1882.	1883.	1884.	1885.	1886.	1887.	1888.
Angleterre	47,700	41,303	51,431	65,463	64,250	61,540	56,835	53,250	69,400	60,800	64,100	69,300	57,939	53,942	57,038	63,714
Allemagne	3,520	882	742	1,555	720	1,710	1,195	770	3,000	1,490	1,140	664	788	5,690	3,987	9,564
Hollande	3,225	1,478	3,461	4,897	2,960	6,681	3,600	5,350	4,500	4,300	4,800	4,410	6,053	3,956	7,571	11,344
Trieste	4,340	2,403	3,260	3,291	2,560	4,757	1,716	2,610	2,400	2,100	2,200	4,128	1,709	2,695	2,174	2,659
Amérique	2,425	3,769	7,780	6,385	4,980	7,640	7,982	6,420	6,300	11,800	12,500	9,496	7,402	12,462	14,227	14,118
Belgique et Hollande	3,136	4,001	3,390	4,464	5,390	7,743	1,463	3,620	5,300	1,300	3,700	2,266	1,457	2,544	3,682	5,350
Russie	〃	〃	2,236	695	〃	1,008	〃									
France	〃	〃	〃	〃	〃	9,621	19,907	19,580	33,100	28,000	20,260	40,126	38,100	48,870	38,621	40,735
Avarié et distillé	955	〃	〃	〃	930	〃	〃	〃	〃	〃	5,500	〃	〃	〃	〃	1,331
Invendu	493	〃	〃	〃	〃	〃	〃	〃	〃	〃		〃	〃	〃	〃	9,913
TOTAUX	65,794	53,836	72,300	86,750	80,860	100,700	92,698	91,600	124,000	109,700	114,200	131,960	113,448	120,159	127,300	158,728

Les chiffres contenus dans le tableau ci-dessus ne représentent pas exactement la consommation des divers pays parce que, pour l'Angleterre, la France, l'Amérique et l'Allemagne, ils contiennent les raisins secs ayant passé en transit.

L'ouvrage de M. Burlumis nous fournit des données qui nous permettent de nous rendre compte de la consommation des divers pays.

Angleterre. — L'Angleterre est le principal consommateur de raisins secs. Nous avons dit que ceux-ci étaient composés principalement des meilleures variétés et que leur usage était surtout généralisé pour la confection des pâtisseries.

De 1880 à 1887 voici à peu près comment se répartissent les fruits secs consommés :

Raisins secs..	de Corinthe	63 p. 100.
	d'autres provenances	30
Figues sèches		7
	Total	100

Voici quelle a été la progression de la consommation dans la Grande-Bretagne :

	tonnes.		tonnes.
1820	5,631	1865	40,103
1825	5,276	1870	38,800
1830	5,717	1875	44,101
1835	9,685	1880	41,861
1840	8,246	1885	45,678
1845	15,489	1886	42,988
1850	20,270	1887	46,202
1855 (maladie de la vigne)	7,817	1888	50,847
1860	32,081		

France. — Dans la plupart des pays de consommation les raisins secs de Corinthe s'emploient comme aliment. En France, au contraire, ils servent principalement à la fabrication des vins de raisins secs. Cette dernière industrie prit naissance en 1887 à la suite des ravages qu'avait eu à subir la vigne. Aussi voit-on l'importation monter rapidement depuis cette époque et en 1887 la France importait 53,000 tonnes de raisins secs tandis que l'Angleterre n'en consommait que 46,000.

On verra par des chiffres et un diagramme placé plus loin que la France est devenue un important débouché pour les raisins secs non seulement pour la Grèce, mais aussi pour la Turquie.

Les importations grecques en France (y compris les îles de l'Archipel) représentent en francs :

1880	21,300,000f	1884	20,200,000f
1881	11,700,000	1885	49,800,000
1882	14,800,000	1886	41,300,000
1883	17,000,000	1887	19,400,000

Les raisins secs représentent à eux seuls environ les deux tiers de l'importation totale de la Grèce.

Ainsi en 1887, la Grèce a importé dans notre pays pour 18,472.000 francs de raisins secs et le chiffre de ses importations totales était de 27.749,000 francs. Parmi les produits importants venaient ensuite les éponges qui figurent pour une somme de 3.223.000 francs et les vins pour 2.823,000 francs.

Avant l'invasion du phylloxéra la France n'achetait qu'une très petite quantité de raisins secs destinés à la confiserie. «En 1878, dit M. Rodocanachi, la récolte de raisins secs de l'année précédente, détériorée par les pluies pendant l'opération du séchage, restait invendue sur les marchés anglais; c'était le moment où le phylloxéra faisait ses plus grands ravages dans les départements du midi de la France; des négociants français s'avisèrent d'acheter à vil prix ces raisins et d'en faire du vin.»

On estime que les trois quarts environ des raisins secs importés en France sont utilisés dans l'industrie de la fabrication du vin de raisins secs.

Si nous prenons par exemple la consommation de 1887, soit 96,450.000 kilogrammes, elle se répartit ainsi :

Fruits employés pour la table	8.000,000 kilogr.
Fruits employés dans les ménages pour la confection de boissons	15,000,000
Fruits employés dans l'industrie du vin de raisins secs	73.450.000
Total	96,450,000

Cette situation ne pourra certainement pas durer si, comme nous l'espérons, la viticulture française se relève complètement de la crise qu'elle vient de traverser. Quand la production française sera redevenue ce qu'elle était autrefois, la fabrication du vin de raisins secs n'aura plus lieu d'exister.

Aussi maintenant la lutte entre le viticulteur et le producteur de vin de raisins secs est-elle vive. Les viticulteurs ont réclamé des modifications au régime actuel pour pouvoir lutter.

Après l'Angleterre et la France, l'Amérique est le consommateur le plus important de raisins secs.

Voici la consommation des États-Unis:

	tonnes.		tonnes.
1881	20,000	1885	10,000
1882	16.500	1886	12.500
1883	16.000	1887	14.500
1884	13.000	1888	15.500

Parmi les pays dont la production de raisins secs est très importante, et qui n'ont pas cependant donné une place à cette industrie dans leur exposition, nous citerons en premier lieu la Turquie.

IMPRIMERIE NATIONALE.

Voici en effet les chiffres des importations de la Turquie en France comprises sous la rubrique générale : fruits de table :

1880	30,100,000f	1884	27,300,000f
1881	22,500,000	1885	43,800,000
1882	16,700,000	1886	43,600,000
1883	20,900,000	1887	19,000,000

Pour mettre en relief l'importance de la production du raisin sec en Turquie, nous avons représenté graphiquement la quantité de raisins secs importés à Marseille de provenance de Grèce et de Turquie.

L'importation grecque, presque nulle en 1880, dépasse en 1882 l'importation turque; la différence s'accroît jusqu'en 1884, époque à laquelle l'importation turque s'élève par un saut brusque. En 1886, les deux importations sont égales et, en 1888, c'est la Turquie qui importe le plus. Parmi les raisins de provenance turque il faut citer notamment les Thyra et les Chesmé.

L'Espagne et le Portugal, dans l'exposition desquels l'industrie des raisins secs n'était également pas représentée ou du moins représentée d'une manière insignifiante, sont cependant des producteurs importants, ainsi qu'on pourra s'en convaincre en jetant un coup d'œil sur le tableau des importations du raisin sec à Marseille. L'Espagne importe environ 8 millions de kilogrammes et le Portugal 5 millions destinés exclusivement à la pâtisserie. La maison Suredo expose des raisins de Malaga.

La *A. F. Spawn's Climax Evaporating C°*, établie à Melbourne (Australie), a exposé des raisins secs dont la qualité est certainement aussi belle que celle de plusieurs produits analogues de provenance grecque.

On a pu voir aussi des raisins secs dans l'exposition du Chili, du Japon (Suzuki à Otobei, Yamanaski Ken) et de l'Amérique du Nord (Oustott, Californie). Ce dernier pays commence à produire une quantité très grande de raisins secs. Il expose des raisins secs de Malaga à petits grains.

Mais tous ces produits n'occupent encore qu'un rang bien inférieur après la collection grecque. Parmi les produits exposés dans la section grecque citons : la commune d'Ægion, Betso (raisin sultana), Burlamis, messenesis, macryjeannis (raisin de Corinthe), Davys (raisin pour vin).

En présence des progrès récents et considérables de la viticulture française, il est permis d'espérer que la situation actuelle ne continuera pas et que la Grèce et la Turquie ne nous fourniront plus cette quantité énorme de raisins secs qui nous paraît devoir entraver le commerce d'un vin naturel.

Il nous semble, au contraire, que la Grèce pourrait maintenir l'importance de son commerce avec notre pays en introduisant sur une plus grande échelle pour l'usage de la table et de la confiserie des produits aussi remarquables que ceux qui figuraient à l'Exposition.

IMPORTATION À MARSEILLE DES RAISINS SECS DE TURQUIE ET DE GRÈCE.

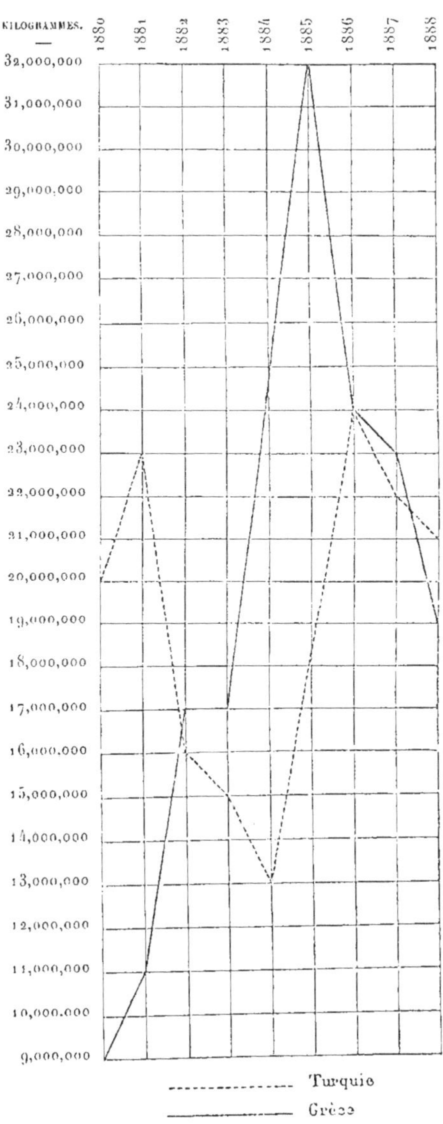

PRUNEAUX.

La France possède une ancienne renommée pour la fabrication des pruneaux dont les plus estimés sont ceux d'Ente et d'Agen.

La prune d'Ente est fournie par le département du Lot-et-Garonne et notamment par les arrondissements de Villeneuve-sur-Lot et de Marmande. La production d'une année moyenne atteint environ 300,000 quintaux métriques qui, au prix moyen de 60 francs, donnent un revenu annuel de 20 millions de francs environ.

Un grand nombre de personnes sont employées au triage, à la préparation et à l'emballage de ces fruits. La cueillette a lieu vers le 15 août et les marchés sont approvisionnés jusqu'à fin décembre. Les achats se font au comptant sur les divers marchés qui ont lieu dans un rayon de 30 à 40 kilomètres autour de Villeneuve-sur-Lot, du 1er septembre au 15 novembre.

Les approvisionnements doivent donc être faits pendant ce délai.

Plusieurs maisons françaises présentent de beaux produits.

A Villeneuve-sur-Lot citons les maisons Laffargue et Dufort.

Dans cette dernière l'outillage permet d'étuver dans une journée 9,000 kilogrammes de prunes. Outre l'étuvage à la vapeur on pratique aussi dans certains cas, et notamment quand les fruits n'ont pas bien mûri, l'étuvage à la chaleur sèche.

Des machines servent au triage des petits fruits. Le triage des gros fruits se fait à la main, car aucune machine ne peut suppléer à l'habileté et au coup d'œil des ouvrières exercées pour choisir les fruits par grosseur et mettre de côté ceux qui sont atteints, soit d'un coup de grêle, soit d'un ver, soit d'un défaut quelconque qui en empêcherait la conservation.

Les prunes sont triées et sont classées suivant leur grosseur. Le mode de classement consiste à indiquer le nombre de pruneaux au demi-kilogramme. Les pruneaux varient généralement de 40 à 90 fruits au demi-kilogramme.

La maison Dufort a exposé des prunes de 40 à 44 au demi-kilogramme, fruits d'une belle grosseur.

Les fruits plus gros ne sont que des exceptions et on en trouve à peine.

La provision d'été se fait en remplissant des boîtes en fer-blanc.

Cette prune ainsi logée peut se conserver plusieurs années sans altération.

La fabrication annuelle varie suivant la production. Voici par exemple le chiffre des achats de la maison Dufort :

1886 (bonne récolte)	720,000 kilogr.	85f
1887	455,000	105
1888	462,000	107

Ces prix sont pour les 100 kilogrammes.

La maison CRESPY et AFFAYROUX à Agen effectue l'étuvage à la vapeur. Elle expédie principalement les pruneaux en caisses de 25 à 30 kilogrammes. Les prunes en caisses se conservent fort bien. Un certain nombre de maisons bordelaises se font expédier les fruits du Lot-et-Garonne pour les traiter.

La maison FAU à Bordeaux pratique en grand cette opération. Elle expédie ensuite ses produits en France, dans le nord de l'Europe et principalement en Russie. Ce commerce est devenu peu à peu considérable et a nécessité à Bordeaux la création de verreries spéciales pour la fabrication des flacons à prunes. Les usines de ferblanterie y ont aussi trouvé leur profit.

La maison Fau emploie des étuves pour la cuisson, des trieurs mécaniques et une installation mécanique pour l'aplatissement du fruit.

La maison BAYLE, à Bordeaux, conserve les prunes en bocaux de verre bouchés d'une manière spéciale ainsi que nous le verrons en étudiant ce sujet.

Citons aussi les produits de la maison DANDICOLLE ET GAUDIN.

Depuis quelques années, la Hongrie, la Bosnie et la Serbie offrent sur les divers marchés du monde des produits similaires à ceux qui sont obtenus en France. Ces produits ont à peu près le même aspect et peuvent facilement tromper un œil peu exercé, mais leur goût est loin d'être aussi délicat que celui des produits français.

Pour lutter contre cette concurrence, les propriétaires du Lot-et-Garonne augmentent chaque année leurs plantations dans des proportions considérables et on peut prévoir que la production actuelle sera doublée d'ici peu d'années.

Les producteurs français ont même cherché à se protéger d'une manière plus efficace et une convention signée le 24 février 1886 entre les négociants et expéditeurs de prunes de Lot-et-Garonne a été déposée à la Chambre de commerce de ce département. En voici les points principaux :

ARTICLE PREMIER. Les soussignés s'engagent à ne pas acheter ou vendre directement (pour quelque cause que ce soit) des prunes de Bosnie ou de Serbie et à ne faire dans leurs envois aucun mélange de prunes étrangères quelle qu'en soit la provenance.

ART. 3. L'amende à payer par le contrevenant est fixée d'un commun accord par les adhérents à la somme minimum de 3,000 francs.

L'exposition des pruneaux serbes présente donc un grand intérêt et nos producteurs français doivent être prévenus que plusieurs des produits exposés sont bons : tels sont ceux qui sont présentés par MM. TOMACHEVITCH, HATCHI, ROSENSTEIN, à Belgrade, PARTOVITCH, à Arandjelovatz, RADITCH, etc.

MM. SGALITZER ET KÖVARY (Autriche-Hongrie) présentent des pruneaux bien conservés.

L'industrie des fruits secs est également représentée au Chili par ELIZALDE de S. M (Emilia) à Elqui, et NECKEL frères à Valparaiso, ainsi que par le COMMISSARIAT DE L'EXPOSITION CHILIENNE.

On remarquait dans cette dernière des pêches, des prunes et des raisins secs, mais ces produits n'ont pas acquis une perfection telle qu'on puisse les compter comme devant faire une concurrence sérieuse à la production européenne.

The Climax Evaporating C°, à Melbourne, fabrique de bons fruits secs.

La fabrication des fruits secs s'est développée dans les États-Unis depuis une vingtaine d'années. Dans la plupart des régions où l'on cultive des fruits, sauf en Californie, existent maintenant des appareils perfectionnés pour effectuer cette dessiccation.

La partie orientale de l'État de New-York, les États de Pensylvanie, d'Ohio, de Michigan et d'Orégon produisent un fort contingent de fruits secs. Les fruits habituellement traités sont les pommes, les pêches, les poires, les cerises, les mûres et les framboises.

L'industrie des fruits secs a pris une grande extension en Californie où l'on peut utiliser la chaleur solaire sans recourir à un procédé artificiel de dessiccation. Dans la ville de San-Joaquim entre autres, le commerce des raisins secs a pris une grande extension.

Le Ministère de l'agriculture des États-Unis a exposé des échantillons de fruits secs obtenus par la dessiccation artificielle ou par la chaleur solaire.

La figue sèche est principalement produite en Californie. Elle vient à souhait dans cet État et dans les comtés de Tulare et de Fresno, notamment, on a fait de vastes plantations pour obtenir des figues sèches.

La «California dried fruit association», à San-Francisco, expose des pommes et des raisins secs de Malaga à petits grains.

M. Rosa, à Mildford (Delaware), a exposé des pêches séchées par évaporation.

Parmi les fruits secs signalons encore : des poires sèches présentées dans la section serbe par M. Oggnanovitch, les figues et les raisins secs figurant dans l'exposition algérienne, une assez grande quantité de figues et pêches sèches dans la République Argentine, Packing et C°, à Tigre, et enfin les bananes sèches de M. de Penalven dans le Guatemala.

M. Mirland, à Frameries, présente des pâtes de pulpe de fruit desséchées, principalement des pâtes de pomme et de poire. Nous empruntons à un intéressant rapport de M. Chevalier, relatif à une visite officielle faite à l'usine de M. Mirland les détails suivants :

Il existe deux usines, l'une au Pecq (Belgique), l'autre à Bavay (France); c'est de cette dernière qu'il s'agit. Les principales variétés de pomme employées sont les court-pendues, les belles-fleurs et la reinette blanche.

On passe d'abord aux laveurs qui ont pour but de débarrasser les pommes de la terre et des impuretés; puis au cuiseur à vapeur. Une série de concasseurs, broyeurs et pulpeurs mécaniques sont ensemble mis en œuvre. Les pépins servent à engraisser la volaille et on se propose d'en faire une sorte de liqueur analogue au kirsch.

La pulpe sortant du pulpoir est recuite pendant un quart d'heure à la vapeur à la pression de 3 atmosphères. Elle prend ainsi la consistance nécessaire pour être étendue sur les séchoirs. On la moule alors sur des tables spéciales et on la porte aux séchoirs-étuves. Ceux-ci sont en maçonnerie, les étagères sont mobiles et présentent 2,200 mètres de chauffe. Ils sont traversés par un courant d'air chaud (65 à 80 degrés) produit par des calorifères à houille. La dessiccation est suffisante en 20 heures. Les feuilles de pâte, qui ont 1 mètre de long sur 30 centimètres de large, sont découpées à l'emporte-pièce par des coupeurs mécaniques qui produisent 100 kilogrammes de pâte en une heure.

100 kilogrammes de pommes donnent de 18 à 20 kilogrammes de pâte sèche.

Il y a environ 7 à 8 p. 100 de résidus formés des pépins, queues, etc. Les déchets servent à la fabrication de confiture et de vinaigre. Ces produits sont agréables à manger. Pour en faire des compotes, il suffit de faire bouillir pendant 25 minutes 250 grammes de pâte dans un litre d'eau et de sucre. On fait peu de pâte de poire.

Dans la section japonaise, M. Sugero présente de la pâte de pomme placée entre deux feuilles de roseau. Ce produit est bon.

II

FRUITS CONSERVÉS PAR LA MÉTHODE APPERT.

En France, la plupart des industriels qui fabriquent les conserves préparent une certaine quantité de conserves de fruits. On peut louer d'une manière générale les produits qu'ils présentent. Citons en particulier les maisons Rodel, Potin, Fontaine et Lasson et Legrand.

Dans l'exposition anglaise, les maisons Favre et Bastiani, de Singapoure, exposent des conserves de fruits et notamment d'ananas. Ces derniers fruits se prêtent très bien à la conservation par le procédé Appert; ils sont préparés au naturel, au sirop ou à l'eau-de-vie.

La maison Foucher, établie à la Martinique, présente aussi de bonnes conserves d'ananas.

Dans l'exposition des États-Unis figurent des fruits en boîtes de fer-blanc. Le principal reproche qu'on puisse leur adresser est de ne pas être suffisamment parfumés.

Signalons encore en Autriche des conserves de pêches.

III

FRUITS CONSERVÉS AU SUCRE.

Le sucre est à peu près la seule substance antifermentescible employée pour la conservation des fruits. Le jury des classes 70-71 n'a pas été appelé à les apprécier d'une façon générale, car ils rentrent dans les produits sucrés (confiserie, etc.). Cependant quelques conserves de fruits, entre autres celles de M. Nouvialle à Bordeaux, ont été examinées.

CHAPITRE V.

MODE D'EMBOÎTAGE DES CONSERVES ALIMENTAIRES.

L'industrie des conserves genre Appert a fait, avons-nous dit, au cours de ce rapport, de grands progrès de détail. Parmi ces progrès, ceux qui sont relatifs à l'emboîtage de la conserve sont particulièrement intéressants.

On sait que les premiers essais avaient été faits par Appert dans des vases de verre. A la suite d'essais industriels faits notamment en Angleterre, ces vases n'avaient pas tardé à être remplacés par des boîtes de fer-blanc, qui présentaient de grands avantages surtout au point de vue de leur solidité.

L'usage des boîtes de fer-blanc est actuellement le plus répandu. Cependant quelques fabricants en sont revenus aux vases de verre dont ils ont réalisé la fermeture hermétique par des moyens pratiques; nous aurons à mentionner ces procédés.

L'étude des procédés de fermeture des boîtes doit nous intéresser au double point de vue de l'hygiène et de l'industrie.

En nous plaçant au premier de ces points de vue, nous rappellerons que l'on a signalé des cas d'empoisonnement attribués à l'usage de conserves alimentaires enfermées dans des boîtes de fer-blanc. Ces accidents étaient dus à la présence de sels de plomb formés par l'action des acides contenus dans les substances conservées sur le plomb de l'étamage ou de la soudure.

En France les conseils d'hygiène ayant appelé l'attention du gouvernement sur les dangers que pouvaient présenter les conserves rendues toxiques par la présence du plomb, des mesures ont été prises pour mettre un terme à ces dangers. Actuellement cette question est réglée par des ordonnances de police et, dans toute boîte destinée à contenir des conserves alimentaires, la *soudure* doit être entièrement *extérieure* et l'*étamage* doit être fait à l'*étain fin*.

Les perfectionnements relatifs à l'emboîtage des conserves et que nous avons à signaler ici sont les suivants :

1° Perfectionnements des boîtes en fer-blanc au point de vue des modes pratiques d'ouverture;

2° Flaconnage des conserves en vases de verre;

3° Conserves à chauffoir.

Parmi les procédés qui ont été imaginés pour rendre pratique le mode d'ouverture des boîtes de conserves, nous citerons le système veuve Billette et Chatelard. Voici en quoi il consiste :

Une clef en fil de fer C résistant arrache, quand on l'enroule, la bandelette de fer-blanc qui soude la boîte et le couvercle. Cette fermeture a l'avantage d'être non seulement fort pratique, mais de laisser le couvercle en bon état, ce qui permet de fermer la boîte si la conserve n'est pas consommée en une seule fois.

La maison Bayle, à Bordeaux, conserve en flacons de verre bouchés d'une manière spéciale.

Ceux-ci consistent dans l'emploi d'une capsule d'étain concave, quand elle est froide, et qui devient convexe à l'ébullition. Par cette dilatation on évite la casse qui n'est pas même de 1 p. 100, la pression intérieure étant annihilée: cette capsule est appliquée sur le goulot par un moyen mécanique et avant le coulage du plâtre on applique mécaniquement huit tours de fil de chanvre que l'on noue très solidement. Quand ce fil est mouillé par le plâtre liquide il exerce une pression contre la capsule et la fait solidement adhérer.

Un cercle mécanique garni de plâtre complète le bouchage.

Le débouchage est très facile, il suffit de couper avec un couteau la capsule en étain qui saillit du plâtre.

Le système de fermeture hermétique des flacons de verre de MM. Dandicolle et Gaudin, à Bordeaux[1], a permis à ces industriels d'utiliser les vases de verre pour la fabrication des conserves.

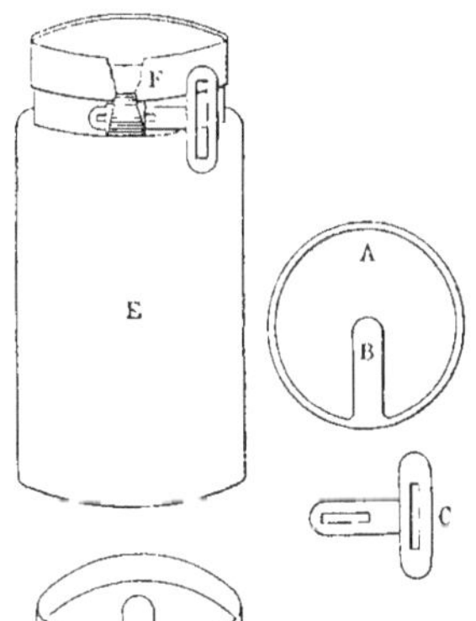

Ce système de fermeture se compose d'une capsule d'étain qui vient recouvrir le goulot du flacon et d'une bague en acier étamé, qui sertit la capsule sur le flacon. Cette bague porte une languette découpée à l'emporte-pièce en même temps qu'elle: cette languette, enroulée sur une clef, déchire la bague et, quand celle-ci est rompue, on peut enlever la capsule en entier sans qu'on soit obligé de la couper.

La figure A représente la bague vue de face avec sa languette B. La figure D représente la bague avec sa languette vue de profil. La figure C représente la clef destinée à enrouler la languette et à rompre la bague. La figure E représente le flacon surmonté de la bague F, munie de la clef au moment où on la rompt en enroulant la languette.

La maison Louit frères, à Bordeaux, emploie aussi des flacons à bouchage spécial.

[1] Breveté en mai 1884.

CONSERVES À CHAUFFOIR.

Les conserves à chauffoir de MM. Chollet et Prevet sont une des applications les plus pratiques de la conserve. La boîte de conserve B est munie d'une bande que l'on peut aisément dérouler et sans l'aide d'un instrument spécial pour ouvrir la boîte. A la partie inférieure de la boîte est fixée une autre petite boîte de fer-blanc C contenant de l'alcool à brûler et quatre mèches de coton. En déroulant une bande E on met à découvert quatre ouvertures E, F par lesquelles on redresse les mèches.

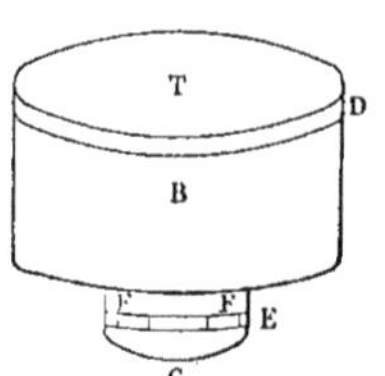

La boîte étant posée sur deux pierres, on perce un petit trou T sur le couvercle supérieur; on met le feu aux mèches, on laisse brûler quinze minutes, puis on secoue la boîte pour répartir la chaleur et enfin on l'ouvre.

Les conserves à chauffoir constituent d'excellents vivres de réserve pouvant rendre de grands services en campagne.

La Société générale des conserves condimentées de Montevideo a exposé des conserves de viandes de bonne qualité. Ces conserves sont enfermées dans des boîtes à chauffoir qui diffèrent des précédentes par le mode de chauffage. Au lieu d'être obtenu avec une sorte de lampe à alcool, comme dans les conserves Chollet et Prevet, il est produit par la combustion d'un charbon chimique spécial, qui est très combustible et qu'on peut enflammer très facilement.

TABLE DES MATIÈRES.

www.ingramcontent.com/pod-product-compliance
Ingram Content Group UK Ltd.
Pitfield, Milton Keynes, MK11 3LW, UK
UKHW020341230726
13925UKWH00003B/905

9 782014 075021